Het doden van dieren

Sponsors

Het symposium is mogelijk gemaakt door de financiële steun van:

- Joannes Juda Groen Stichting voor Interdisciplinair Gedragswetenschappelijk Onderzoek (SIGO)
- Ministerie van Landbouw, Natuurbeheer en Visserij
- Ministerie van Volksgezondheid, Welzijn en Sport
- Graduate School of Animal Health (GSAH), Faculteit der Diergeneeskunde, Universiteit Utrecht

Organiserend Comité

- Prof. dr. dr. h.c. J.G. van Logtestijn (comitévoorzitter en dagvoorzitter), emeritus hoogleraar voedingsmiddelenhygiëne, Faculteit der Diergeneeskunde, Universiteit Utrecht
- Mw. dr. J.M. Swabe, Hoofdafdeling Dier & Maatschappij, Faculteit der Diergeneeskunde, Universiteit Utrecht
- Dr. P.A. Koolmees, Hoofdafdeling Volksgezondheid en Voedselveiligheid, Faculteit der Diergeneeskunde, Universiteit Utrecht
- Dr. L.J.E. Rutgers, Hoofdafdeling Dier & Maatschappij, Faculteit der Diergeneeskunde, Universiteit Utrecht

Wetenschappelijk Comité

- Dr. F.W.A. Brom, Centrum voor Bio-ethiek en Gezondheidsrecht, Universiteit Utrecht
- Prof. dr. J.A.R.A.M. van Hooff, emeritus hoogleraar vergelijkende fysiologie, Faculteit Biologie, Universiteit Utrecht
- Mw. prof. dr. E.N. Noordhuizen-Stassen, hoogleraar relatie mens-dier, Hoofdafdeling Dier & Maatschappij, Faculteit der Diergeneeskunde, Universiteit Utrecht
- Prof. dr. P. Schnabel, Directeur van het Sociaal en Cultureel Planbureau, Den Haag
- Prof. dr. B.M. Spruijt, hoogleraar ethologie en welzijn van dieren, Hoofdafdeling Dier & Maatschappij, Faculteit der Diergeneeskunde, Universiteit Utrecht

Het doden van dieren

Maatschappelijke en ethische aspecten

Redactie
P.A. Koolmees
J.M. Swabe
L.J.E. Rutgers

CIP-data Koninklijke Bibliotheek, Den Haag

ISBN 9076998191

Trefwoorden:
Doden van dieren
Relatie mens-dier

Eerste druk, 2003

Wageningen Academic Publishers

Inhoudsopgave

Inleiding

In *Animal Farm*, zijn sprookjesachtige politieke parabel uit 1945, schreef George Orwell: 'alle dieren zijn gelijk, maar sommige dieren zijn meer gelijk dan andere dieren'. Nergens is deze opmerking meer van toepassing dan op het doden van dieren. De relatie tussen mensen en andere dieren kent veel tegenstrijdigheden. Zowel de manier waarop wij dieren beschouwen, als de manier waarop wij ze behandelen en de omstandigheden waarin wij bereid zijn om hun levens te beëindigen, geven blijk van het ambivalente karakter van deze verhouding.

In Nederland worden elk jaar miljoenen dieren door mensen gedood. Landbouwhuisdieren zoals runderen, varkens, schapen en kippen, worden in grote aantallen geslacht om de bevolking van vlees, huiden en andere dierlijke producten te kunnen voorzien. Een aanzienlijk deel van deze dieren is voor export bestemd. Ook worden productiedieren regelmatig gedood vanwege economisch onvoldoende productiviteit of prestatie, of omdat, zoals bij eendagshaantjes, zij economisch niet interessant of 'overbodig' zijn. In het kader van dierziektebestrijding worden dieren 'geruimd', soms in grote aantallen. Daarvan zijn we bijvoorbeeld getuige geweest bij de varkenspestepidemie in 1997, gevallen van BSE en de uitbraak van mond- en klauwzeer in 2001.

Naast deze productiedieren worden er jaarlijks ca. 700.000 proefdieren gedood om de wetenschap te dienen. In het wild levende dieren worden bij de jacht, bij wijze van sport of om redenen van natuurbeheer, doodgeschoten. Er wordt volop gevist om de consument van verse vis te voorzien of voor het plezier dat hengelaars daaraan beleven. Ook bij de diverse en vaak exotische dieren die in dierentuinen worden gehouden, beschikt de mens over leven en dood. Ten gevolge van het al dan niet commercieel fokken en houden van de miljoenen gezelschapsdieren worden tienduizenden dieren uit 'dierenliefde' geëuthanaseerd. Diersoorten zoals ratten en muizen, die daarentegen als 'ongedierte' worden aangemerkt, worden verdelgd.

Bovendien is het doden van dieren in onze moderne samenleving sterk geïnstitutionaliseerd. Er zijn speciale plaatsen zoals slachterijen en dierenartspraktijken, waar het doden van dieren plaatsvindt en aan wettelijke regels is gebonden. Daarbij is de bevoegdheid om dieren te doden toegekend aan bepaalde deskundigen zoals dierenartsen, wetenschappers, slachters, jachtopzieners, jagers en ongediertebestrijders. Het doden van dieren is zo strak gereguleerd om er zorg voor te dragen dat het doodmaken op een deskundige en diervriendelijke manier gebeurt. Het is immers niet de bedoeling dat iedereen zo maar een dier doodt. Desalniettemin is het doden van dieren door willekeurige personen volgens de huidige wetgeving niet strafbaar; iedereen mag in feite een dier doden. Men kan alleen strafrechtelijk worden vervolgd als er bij het doden van een dier sprake is van dierenmishandeling.

Volgens artikel 43 van de Gezondheids- en welzijnswet voor dieren (1992) is het verboden dieren te doden in andere dan bij regelgeving aangewezen gevallen. De achterliggende gedachte is dat dient te worden voorkomen dat dieren zonder gegronde reden worden gedood. Het doden van dieren wordt niet als een absoluut verwerpelijke handeling beschouwd. Toch wordt algemeen erkend dat het doden van dieren morele rechtvaardiging behoeft. Hoewel de overheid ten aanzien van het doden van dieren een 'nee, tenzij' beleid hanteert, is regelgeving over de situaties waarin het doden van dieren wordt toegestaan, nog niet tot stand gekomen. Wel is sinds 1997 het 'Besluit doden van dieren' van kracht. Dit besluit, dat uitsluitend tot doel heeft het welzijn van dieren rond het dodingsproces te waarborgen, regelt welke personen dieren mogen doden en welke methoden daarbij mogen worden gebruikt. Opgemerkt moet worden dat bovengenoemde regelgeving in het kader van de Gezondheids- en welzijnswet voor dieren uitsluitend van toepassing is op 'gehouden' dieren. In het wild levende dieren en proefdieren vallen onder andere wettelijke regelingen, zoals de Wet op dierproeven en de Flora- en Faunawet. Het Nederlandse beleid is dus weinig consistent als het om het doden van dieren gaat.

Gezien de maatschappelijke discussie over het doden van dieren gedurende de laatste jaren lijkt de tijd rijp voor een kritische reflectie over de rechtvaardiging van het doden van dieren door mensen, alsmede over de mate waarin en de wijze waarop dit plaatsvindt. Met het oog op de toekomst is het zinvol om na te gaan hoe mensen in het verleden tegenover het doden van dieren stonden en te inventariseren hoe daar tegenwoordig over wordt gedacht. Dit was voor ons de reden om een symposium te organiseren waar het doden van *alle* dieren op interdisciplinaire wijze zou kunnen worden bediscussieerd. Bovendien zouden op zo'n symposium juist de maatschappelijke en ethische aspecten van het doden van dieren moeten worden besproken in plaats van de technische en welzijnsaspecten van het doden, wat voorheen vaak gebeurde als wetenschappers over het doden van dieren discussieerden. Dit symposium vond uiteindelijk plaats op 18 juni 2002 te Garderen.

Centraal bij dit symposium stond dus de vraag hoe het doden van dieren moreel wordt gerechtvaardigd en wanneer en waarom dit op maatschappelijke weerstand stuit. Daaruit vloeiden de volgende vragen voort. Heeft een dier wel een moreel recht op leven? Mogen wij dieren doden als er geen sprake is van uitzichtloos lijden? Kunnen we het doden van gezonde dieren rechtvaardigen? Wanneer is het maatschappelijk aanvaardbaar om een dier te doden? Is het wel acceptabel om dieren te doden om de mens van vlees, vis of bont te kunnen voorzien, of om onze wetenschappelijk kennis te bevorderen? Is het aanvaardbaar om dieren te doden omdat ze economisch overbodig zijn of wegens overbevolking? Vindt de samenleving het aanvaardbaar om dieren te doden als recreatieve bezigheid, of omdat ze voor de mens ongemak veroorzaken?

Deze vragen zijn op het symposium aan de orde gesteld. Hierdoor is het gelukt om inzicht te krijgen in de diverse opvattingen over het beëindigen van dierenlevens en in de rechtvaardigingsgronden voor het doden van dieren. In dit symposiumboek zijn deze opvattingen in kaart gebracht. Wij vonden het belangrijk dat de problematiek rond het doden van dieren interdisciplinair zou worden benaderd. De bedoeling was om iedereen, die direct of indirect betrokken is bij het doden van dieren in zowel Nederland als België, aan te trekken. Daarom werden niet alleen wetenschappers uit de verschillende academische disciplines (sociale, gedrags-, rechts-, biomedische, veterinaire wetenschappen, ethiek, geschiedenis, etc.) verwelkomd op dit symposium, maar ook belangstellenden van overheidsinstanties, dierenbeschermingsorganisaties, de vleesindustrie, de proefdiersector, veehouders, dierenartsen, de jachtsector, de vissector, beheerders van dierentuinen en natuurgebieden en mensen belast met ongediertebestrijding. Op deze manier werd een gelegenheid gecreëerd waarbij een diepgaande en genuanceerde discussie over het doden van dieren kon plaatsvinden.

Voor u ligt een verslag van het symposium over de maatschappelijke en ethische aspecten van het doden van dieren. De uitlatingen van de auteurs die een bijdrage aan deze bundel hebben geleverd, weerspiegelen vanzelfsprekend hun eigen mening en niet noodzakelijkerwijs de opvattingen van de redactie. Het eerste deel van dit boek omvat de bijdragen van de ochtendsprekers die tijdens het symposium inleidingen over het doden van dieren hebben gegeven vanuit ethologisch, sociologisch, historisch, ethisch en juridisch perspectief. Het tweede deel bevat de teksten van de voordrachten van de middagsprekers, die beleidsmatig of anderszins betrokken zijn bij de problematiek rond het doden van dieren in specifieke dierenpraktijken. Tijdens het symposium dat door ca. 180 deelnemers werd bijgewoond, vonden ook vijf levendige workshops plaats waarin werd gediscussieerd over het doden van dieren in de veehouderij, over het doden van gezelschapsdieren en recreatiedieren, proefdieren, vissen, schadelijke dieren, in het wild levende dieren (natuurbeheer) en dierentuindieren. Deel drie van dit symposiumboek bevat de verslagen van de interessante discussies die tijdens deze workshops plaatsvonden. Het symposiumboek sluit af met een 'epiloog', waarin de ethicus Frans W.A. Brom terugblikt op het symposium en waarin hij uiteenzet hoe de maatschappelijke discussie over het doden van dieren tot dusver is verlopen en hoe deze discussie zich verder zou kunnen ontwikkelen.

Met dit symposiumboek willen wij de gedachtewisselingen die op dit symposium plaatsvonden aan een breder publiek voorleggen. Daarmee hopen wij een positieve bijdrage te leveren aan het maatschappelijke debat over de aanvaardbaarheid van het doden van alle dieren in onze samenleving.

Utrecht, maart 2003

Het Organiserend Comité
Dr. Peter Koolmees
Prof. dr. dr. h.c. Jan van Logtestijn
Dr. Bart Rutgers
Mw. dr. Joanna Swabe

Dankwoord

De redacteurs willen Prof. dr. dr.h.c. Jan van Logtestijn hartelijk danken voor het nemen van het initiatief tot het organiseren van dit symposium. Zij zijn ook veel dank verschuldigd aan Mw. Liesbeth de Waal-Muis en Mw. drs. Petra Barendregt voor hun bijdragen aan het organiseren van het symposium en het uitgeven van dit symposiumverslag. Het symposium werd ook mogelijk gemaakt door de financiële steun van de Joannes Juda Groen Stichting voor Interdisciplinair Gedragswetenschappelijk Onderzoek (SIGO), het Ministerie van Landbouw, Natuurbeheer en Visserij, het Ministerie van Volksgezondheid, Welzijn en Sport en de Graduate School of Animal Health (GSAH), Faculteit der Diergeneeskunde. De redacteurs willen deze instellingen danken voor hun sponsoring van dit evenement.

Killing animals: social and ethical aspects

Summary

Dr. J.M. Swabe

Hoofdafdeling Dier & Maatschappij, Faculteit der Diergeneeskunde, Universiteit Utrecht

Each year the lives of millions of animals are terminated at human will. Animals are routinely killed to provide us with food and other products, their lives are sacrificed in the pursuit of scientific knowledge, they are killed for sport and pleasure, or simply because we regard them as unwanted or dangerous pests. When our economy is threatened by animal disease, healthy livestock animals are culled preventatively in huge numbers. Farm animals are also routinely killed due to insufficient productivity or performance, or simply because they are economically uninteresting or superfluous to our agricultural needs. When our animal companions are sick, we even kill them out of compassion.

Within our modern industrial society, we have socially institutionalised places (such as abattoirs, laboratories and veterinary surgeries) where animals may be killed and have accorded the licence to various specialists (such as veterinarians, scientists, gamekeepers and slaughterhouse workers) to do the killing. A legal framework exists within which the methods of terminating animal life and the requirements for killing animals are delineated. Yet the law remains nebulous, particularly with respect to the issue of killing healthy animals that are not destined for the dinner plate. Irrespective of the existing regulation of animal killing, there are a whole host of ethical, socio-cultural, philosophical, juridical, theological and historical considerations that must be taken into account with regard to the justification for and acceptability of terminating animal life. In short, the time is ripe for a serious societal debate on the killing of animals.

This book provides an account of an interdisciplinary symposium on the social and ethical aspects of killing animals that took place on 18th June 2002 in Garderen, The Netherlands. The event was organised by the Department of Animals and Society, Faculty of Veterinary Medicine, Utrecht University. This symposium brought together experts from a variety of academic disciplines and professions who were directly concerned with the issue of killing animals. It was attended by approximately 180 participants including academics, governmental officials, veterinary practitioners, representatives of the livestock farming and meat industry, pharmaceutical industry, pest control agencies, hunting lobby, zoos and nature and animal protection agencies.

The contributors to these symposium proceedings offer a broad overview of the key issues that are at stake with respect to killing animals. In the first part of this book, the five authors - who all spoke during the morning session - provide an introduction to issues relating to the killing of animals from ethological, historical, sociological, ethical and legal perspectives. The second part of these proceedings contain the contributions of the afternoon speakers, who were all directly involved in livestock farming, pet and recreational animals, laboratory animal science, nature conservation, fisheries, zoos or pest control. These contributors shed light on the issues and problems relating to killing animals in their respective sectors. Five lively workshops also took place during this symposium on the killing of livestock, pets and recreational animals, laboratory animals, fish, pest control and wild animals, and zoo animals. Part three of this volume provides an account of the interesting discussions that occurred during these workshops. Finally, these symposium proceedings are brought to a close with an epilogue, penned by the ethicist Frans W.A. Brom, which not only takes a retrospective look at the symposium, but also examines how the societal discourse on killing animals has thus far developed and how it may continue to develop in the future.

Deel 1

Ethische, sociale, historische en juridische aspecten van het doden van dieren

Het doden van dieren: enkele omtrekkende bewegingen

Prof. dr. B.M. Spruijt

Hoogleraar ethologie en welzijn van dieren, voorzitter Hoofdafdeling Dier & Maatschappij, Faculteit der Diergeneeskunde, Universiteit Utrecht

Inleiding

Dieren doden elkaar. Dieren hebben geen moreel besef - althans het merendeel waarschijnlijk niet - en doen wat naar hun aard nodig is om te overleven. Aangezien dieren efficiënt met hun tijd en energie om moeten gaan, is doden van dieren door andere soorten biologisch functioneel, namelijk overleven.

Historisch gezien heeft ook de mens waarschijnlijk alleen kunnen overleven mede door dieren te doden. De mogelijkheden om in de primaire behoeften te kunnen voorzien, zijn - ten minste in sommige culturen - aanzienlijk verbeterd en naarmate de mens aan dieren enig vermogen tot perceptie heeft toegeschreven en meer aandacht voor de morele aspecten van mens-dier relatie heeft, wordt het doden van dieren niet meer als louter een biologische noodzaak gezien. Overigens is aan dieren in verschillende culturen zeer uiteenlopende betekenis toegekend; van heilig tot reflexmachines. De Westerse cultuur zoals we die sinds de Grieks-Romeinse periode kennen, laat voortdurend een tweetal type opvattingen over dieren zien: van instinctief handelend min of meer mechanische organismen tot aan ons verwante intelligente organismen. Beide opvattingen komen sinds de Oudheid naar voren. Aristoteles heeft ook in deze een belangrijke rol gespeeld en kan wel als de eerste etholoog beschouwd worden, die de overeenkomsten tussen verschillende soorten meer benadrukt heeft dan de verschillen.

Zowel het houden van dieren onder diervriendelijke condities als het wel of niet doden van dieren stemt tot nadenken. Het lijkt merkwaardig, maar een ethische discussie over het welzijn van gehouden dieren is iets anders dan de morele rechtvaardiging van het doden van dieren. Op dit symposium staat nadrukkelijk het doden van dieren ter discussie en het recht dat onze samenleving meent te hebben om voor allerlei doeleinden grote aantallen dieren te doden. Dus het al of niet plaatsvinden van aantasting van het welzijn van dieren voorafgaande aan het doden is niet het onderwerp van deze bijeenkomst. Hoe moeilijk het ook is, toch is het belangrijk om bij de meningsvorming de welzijnsaspecten rond het doden van dieren te scheiden van de vraag of het doden van dieren moreel gerechtvaardigd moet worden. Natuurlijk staat ook de wijze van doden in de belangstelling, omdat dit voor sommige dieren bijna niet los gezien kan worden van de vraag of wij het dier dood mogen maken. Een dieronvriendelijke wijze van doden, zoals bij vissen het geval lijkt, is steeds moeilijker te rechtvaardigen.

Dus kort samengevat luidt de vraag: wanneer mag een dier worden gedood en wanneer niet? Een antwoord op deze vraag is niet eenvoudig te geven omdat zoveel verschillende aspecten een rol spelen. Omdat in dit symposiumboek uitvoerig op deze aspecten wordt ingegaan, zal ik hier - om de gedachten te bepalen - enkele omtrekkende bewegingen maken.

Om welke dieren gaat het?

Een eerste vraag die aan de orde moet worden gesteld is: over welke dieren hebben wij het? Bacteriën worden bij elk kopje thee of koffie moeiteloos in grote aantallen gedood; daar zal geen zinnig mens protest tegen aantekenen. Olifanten en walvissen roepen sterke reacties op. Het is niet alleen de grootte van de dieren die het verschil in reactie bepaalt. Het is wel zo dat grote dieren waarschijnlijk meer reacties teweegbrengen dan kleine, ook al zouden ze verder in alle opzichten gelijkwaardig zijn. Ik zou twee kenmerken van dieren willen noemen die de mens stimuleert moreel gezien meer rekening met hen te houden:

1. Het vermogen van dieren om emotionele reacties te vertonen, die overeenkomsten vertonen met die van de mens;
2. Het vermogen van dieren om deze interne subjectieve toestand sturend of bepalend te doen zijn voor keuzes, die ze maken of het gedrag dat ze vertonen.

Dus dieren, bij welke vergelijkbare emotionele toestanden waargenomen worden en dieren, die deze toestanden met hun cognitieve vermogens ook kennen, kunnen op meer morele consideratie van mensen rekenen dan dieren die wat dat betreft verder van ons afstaan. Dit is natuurlijk een omschrijving van het analogiepostulaat of liever gezegd homologiepostulaat. Aangezien welzijn door mij wel geformuleerd is als een toestand met een biologische functie zou homologie in functie en in verschijningsvorm een sterke aanwijzing zijn dat dieren 'sentient beings' zijn.[1] De centrale vraag richt zich dus vooral op dieren die wij als *sentient beings* beschouwen, dieren dus die een of andere vorm van gewaarwordingsvermogen hebben. Dit betekent overigens niet dat diersoorten die dit vermogen niet hebben geen morele aandacht verdienen, want ook *non-sentient beings* hebben een intrinsieke waarde.

Met welk doel wordt een dier gedood?

Een tweede vraag die in de discussie over het doden van dieren een rol speelt is: met welk doel worden dieren gedood? Dieren worden om heel verschillende redenen gehouden en meestal uiteindelijk ook gedood. Daarbij wordt vaak onderscheid gemaakt tussen primaire doelen en luxe behoeften van de mens. Daarin zijn mensen weinig consistent. Voedsel lijkt een primaire behoefte van de mens, maar daarbij moet natuurlijk wel de prijs die wij voor voedsel willen betalen mede in aanmerking genomen worden. Als we dat doen, dan moet worden vastgesteld dat de lage prijzen eigenlijk een luxe zijn. Zuivelproducten, vlees en eieren hebben de laatste 40 jaar geen gelijke tred gehouden met door inflatie bepaalde prijsverhogingen van allerlei andere producten. Bovendien zijn er veel dierlijke producten die weliswaar voor consumptie bedoeld zijn, maar niet gezien kunnen worden als primair of essentieel.

---

[1] Zie B.M. Spruijt, How the hierarchical organization of the brain and increasing cognitive abilities may result in consciousness. *Animal Welfare* 10 (2001) 77-87; R. van den Bos, B.B. Houx & B.M. Spruijt, Cognition and emotion in concert in human and nonhuman animals. In: M. Bekoff *et al.* (Eds) *The cognitive animal, Empirical and theoretical perspectives on animal cognition.* MIT Press, Cambridge, Massachusetts 2002, pp. 98-104.

Dieren die mensen voor andere doeleinden houden - bijvoorbeeld voor gezelschap - worden anders gepercipieerd. Gezelschapsdieren, zoals hond en kat, maken deel uit van de sociale eenheid waarin mensen leven - vaak het gezin - en worden min of meer ook als gezinslid gezien.[2] Tegen het doden van gezelschapsdieren wordt dan ook anders aangekeken dan tegen dieren die voor productiedoeleinden en buiten ons gezichtsveld worden gehouden. Sterker nog, van onze huisdieren wordt het leven net als dat van mensen verlengd totdat zich de vraag voordoet wat voor het dier het beste is: in leven blijven of euthanasie. Met andere gehouden dieren, bijvoorbeeld proefdieren, gaan wij heel anders om. Bij proefdieren wordt 'na gebruik' euthanasie als de meest dierwaardige oplossing gezien en niet levensverlenging.

Het doel waarvoor wij dieren houden of gebruiken heeft dus een sterke invloed op hoe dieren worden gewaardeerd. Hoe belangrijker de nutswaarde van het dier voor de mens, des te minder consideratie wij voor het dier lijken te hebben.

Waardering van dieren is niet consistent

Zelfs dieren die indirect met voedsel in verband worden gebracht, worden anders gewaardeerd dan dieren die met de rol van huisdier worden geassocieerd, ook al vervult de desbetreffende diersoort die rol zelf niet. Dit komt doordat ons geheugen associatief van aard is en associatieve netwerken kunnen een gemeenschappelijke emotionele inkleuring hebben. Dieren die op onze huisdieren lijken en dus geassocieerd zijn met affectie en aaibaarheid, zullen wij anders waarderen dan dieren die lijken op dieren die wij uitsluitend als voedselbron kennen. Er is een indirecte interactie tussen groepen van diersoorten en dierlijke producten. Immers onze opvattingen over de waarde van een dier bestaan uit de subjectieve betekenis die wij aan de betreffende diersoort toeschrijven en uit de nutswaarde die aan het dier wordt toegekend.

In Westerse culturen wordt de hond anders gewaardeerd dan het varken. Onze belangrijkste gezelschapsdieren zijn roofdieren: hond en kat. Of ook andere roofdieren nu wel of niet gedomesticeerd zijn, het algemeen gevoel is dat dit soort dieren moeilijk in kooien zijn te houden. Hiervoor zijn vaak geen biologische redenen aan te voeren, zoals het geval is bij sommige pelsdieren. Hoewel deze dieren al lang niet meer wild zijn, worden zij niet geacht in kooien te moeten verblijven. In Aziatische landen kan dat anders liggen; daar worden katten in kooien gehouden en uiteindelijk gegeten.

Daar komt bij dat de mens ook een diersoort is, die is uitgerust met een eigen diersoortspecifiek interpretatievermogen om het uiterlijk en gedrag van dieren te beoordelen. Dit leidt tot de vaststelling dat alles wat op ons lijkt meer aandacht krijgt. Al naar gelang wij ons meer bewust zijn van dergelijke 'vooroordelen', speelt dit minder een rol. Kennis van diergedrag is hier onontbeerlijk.

Dieren met een relatief grote schedel en grote ogen worden door mensen vaak met voorzichtigheid tegemoet getreden, omdat onze kinderen en alle jonge primaten dergelijke kenmerken bezitten. Jonge aan ons verwante zoogdieren roepen meer reacties op dan bijvoorbeeld een jong inktvisje. Dat komt door onze soortspecifieke aangeboren vooroordelen, waarvan wij ons lang niet altijd bewust zijn en waarvan het ook moeilijk is om afstand van te nemen, zelfs al heb je kennis van deze 'vooroordelen'. Als vissen zouden

[2] N. Endenburg, *Animals as companions. Demographic, motivational and ethical aspects of companion animal ownership.* Dissertatie Universiteit Utrecht, 1991.

krijsen en met hun bek zouden trekken als ze aan de haak hangen, dan zou dat heel andere reacties bij ons oproepen dan het spartelen alleen.

Waardering voor het dier is contextafhankelijk

De reactie die dieren en handelingen met dieren bij ons oproepen zijn sterk afhankelijk van de context waarin dieren aan ons worden gepresenteerd. Dit heeft te maken met de sterk associatieve eigenschappen van ons cognitieve apparaat, waarin context een belangrijke factor is. Als we achter de televisie zitten waarop we zojuist beelden van grijpers met kadavers hebben gezien, dan is onze mening over het doden van dieren een heel andere dan wanneer wij in de supermarkt keurig verpakte vleeswaren moeten afrekenen. Dergelijke contextafhankelijkheden roepen conflicten in de meningsvorming op. Bewust of onbewust streeft de mens naar het vermijden van dergelijke conflicterende emoties door een en ander goed af te bakenen. Dieren die voor productiedoeleinden worden gehouden, zijn nauwelijks zichtbaar. Ondanks dat in Nederland honderden miljoenen productiedieren worden gehouden, merk je daar relatief nauwelijks iets van totdat een incident - zoals varkenspest of mond- en klauwzeer - met soms de omvang van een ramp door de afbakening heen de huiskamer binnendringt.

Conclusie

De invloed van de context waarin dieren aan ons worden gepresenteerd en de functie van een dier voor de mens leiden vanuit een persoonsgebonden perspectief tot twee constateringen.

Ten eerste ziet één en dezelfde persoon een zelfde diersoort heel anders al naar gelang de omstandigheden waarin het dier wordt gehouden. Neem het konijn als voorbeeld. Konijnen kunnen als huisdier, voedselbron, proefdier en als wild dier worden gezien. Iedere rol heeft in de persoonlijke beleving een eigen plaats en waarde.

In de tweede plaats beziet één en dezelfde persoon hetzelfde dier op verschillende momenten anders al naar gelang de omstandigheden waarin die persoon verkeert.

De centrale vraag waarom, wanneer en hoe dieren wel of niet mogen worden gedood is dus een gecompliceerde vraag, die niet zonder meer eenduidig beantwoord kan worden. Kennis van de psychologie van de mens, een duidelijke en consistente bepaling van de waarde en positie van het dier en kennis van het afwegen van de belangen van mens en dier is hierbij onontbeerlijk.

Het doden van dieren: een sociologische visie op wat sociaal kan en a-sociaal is geworden

Prof. dr. P. Schnabel

Directeur van het Sociaal en Cultureel Planbureau, Den Haag

Sociologen en dieren

De belangstelling voor het dier is in de sociologie altijd klein geweest. Voor een socioloog is dat ook zo vanzelfsprekend dat dit hem niet eerder opvalt dan wanneer hij wordt gevraagd na te denken over de sociologie van het dier en meer in het bijzonder nog over de sociologie van het doden van dieren. Het past bij de aard van het vak om dan niet onmiddellijk daarmee te beginnen, maar eerst de vraag te beantwoorden waarom die aandacht in alle opzichten zo beperkt is gebleven.

Het antwoord op die vraag moet gezocht worden in de geschiedenis van het vak en in de aard van het object van de eerste belangstelling van sociologen. Hoewel het niet moeilijk is de sociologie een geschiedenis tot in de oudheid te geven, begint het vak zich toch pas in het begin van de negentiende eeuw te ontwikkelen. Ruim vóór Darwin en dat verklaart meteen waarom niemand er in de nadagen van de verlichting ook maar aan gedacht zal hebben de dieren te betrekken in het denken over het sociale leven en de organisatievormen die mensen in de loop van de geschiedenis bedacht en gemaakt hebben, of beter gezegd, samen en onbewust met elkaar gemaakt hebben en vervolgens individueel en bewust zijn gaan overdenken. Kan het ook anders? Is het zo goed? Zou het beter kunnen?

Dieren hadden in dat discours geen plaats, nu nog niet eigenlijk. Zelfs toen Darwin's theorieën over de principes van de evolutie ook in de sociologie en in de sociale filosofie ingang hadden gevonden, werden ze niet gebruikt om het gemeenschappelijke van mens en dier te laten zien en empirisch te onderzoeken, maar als metafoor om verschillen in succes en ontwikkelingsniveau tussen mensen, samenlevingen en culturen te kunnen begrijpen. Alles wees er immers op dat de wetten van de natuur of een analogon daarvan ook daar werkzaam zouden zijn. Latere sociologen verzetten zich tegen dit determinisme en probeerden juist het eigene van het sociale leven te laten zien. Mensen worden wel gevormd door hun omgeving en kunnen zich daar ook niet werkelijk aan onttrekken, maar ze worden er toch niet helemaal door bepaald. Alleen, gezamenlijk en tegen elkaar in veranderen ze ook weer hun omgeving en daarmee zichzelf en hun nakomelingen. Wie de jaren zestig van de vorige eeuw bewust heeft meegemaakt, zal altijd het gevoel houden dat hij of zij toen in korte tijd ook zelf heel sterk veranderd is. Veel mensen hebben dat gevoel ook in deze tijd weer, al weten ze nu veel minder zeker wat de verandering precies inhoudt en zijn ze er niet altijd blij mee.

Sociologen zijn in het algemeen niet geïnteresseerd in de materiële aspecten van het menszijn - de biologie, het lichaam - maar juist in de immateriële, de wereld van de symbolen en instituties, van taal en cultuur, van organisaties en relaties. Een bijzondere benadering als de sociobiologie kon zich pas ontwikkelen toen het inzicht doorbrak dat de materiële kant wel degelijk ook invloed heeft op de immateriële kant. Niet alles is denkbaar en zeker niet alles wat denkbaar is, is ook 'dierbaar' in de zin van aantrekkelijk of zelfs maar maakbaar.

De sociobiologie heeft overigens niet veel te maken met de sociologie van het dier of van het doden van dieren. De sociologie van het dier is immers niet geïnteresseerd in het dier zelf of in de mogelijkheden van dieren onderling sociaal gedrag te vertonen (dat is diersociologie), maar in de wijze waarop mensen naar dieren kijken, en eventueel op grond van de betekenis die ze aan dieren toekennen, hun handelen ten opzichte van dieren vormgeven. Soms zal dat betekenen dat ze een dier gemakkelijk en snel zullen doden - of dat door anderen laten doen -, soms ook zal alleen de gedachte daaraan al onverdraaglijk zijn. Het dier is hun dan lief geworden. Hoe het dier dat allemaal beleeft, weten we niet, zelfs niet van de dieren die ons het meest nabij zijn. Dat zijn niet de apen, maar de honden die al 15.000 jaar de trouwe begeleiders van de mens zijn en steeds meer ook leverbaar met door de koper gewenste karaktertrekken. De sociologie van dieren is een verhaal van mensen over de verhouding van mensen tot dieren. Het is het verhaal van de veranderende omgang met dieren en van de veranderende opvattingen over dieren en hun recht van bestaan. Het is daarmee vooral ook een verhaal over hoe mensen zichzelf zien en wat zij in hun leven en in de samenleving belangrijk vinden.

De Chinese dierenencyclopedie van de Nederlanders

Hoe kijkt een Nederlander of een Nederlands gezin van nu naar dieren? Zij classificeren dieren op een manier die in het dagelijkse leven heel effectief en efficiënt is, maar niets te maken heeft met een wetenschappelijke taxonomie of met de kenmerken van dieren zelf. De classificatie van leken is ook niet compleet, niet consistent en zelfs niet uitsluitend: dieren kunnen afhankelijk van de omstandigheden - van wie ze zijn, waar ze zich bevinden - in het ene of het andere hokje terechtkomen. Het meest algemene indelingscriterium is dat van de 'nabijheid' in de ruimste zin van het woord: fysiek nabij, als soort dichtbij de mens, erg aaibaar of aardig, sterk aanwezig in onze gedachten, eventueel ook ons bezit. Het resultaat van een classificatie op dit criterium is iets dat wel bekend staat als een 'Chinese encyclopedie', waarin dieren geordend worden afhankelijk van de vraag of ze van de keizer zijn, gegeten kunnen worden, vleugels hebben, uit Japan komen of hun eieren in de steek laten. Ik noem maar wat en ik doe dat op gezag van de grote Zuid-Amerikaanse schrijver J.L. Borges, bij wie ik ooit - maar ik weet niet meer waar - zo'n indeling tegenkwam.

Zonder onderzoek, maar wel op basis van veel alledaagse waarnemingen in de samenleving waar ik zelf deel van uitmaak, kom ik tot de volgende sociologische indeling van dieren, die - ik benadruk dat nog maar eens - niet te maken heeft met de objectieve kenmerken van dieren. Het is een sociale en historisch bepaalde indeling, die anders is dan honderd of vijfhonderd jaar geleden.

1. Onze eigen dieren

De eigen huisdieren, de hond, de kat, het konijn, de cavia, de goudvis, de kanarie, soms zelfs de pony of het paard en in een enkel excentriek geval de python. Zeker voor de echte gezelschapsdieren - maar die aanduiding is nogal subjectief, zoals iedere dierenarts weet - geldt wat mijn Amerikaanse nichtje eens over haar Jack Russel zei: 'Jack is not a pet, he is a member of the family'. Niemand vindt het meer vreemd om op het naamplaatje aan de voordeur de naam van hond of kat tegen te komen, familiefoto's zijn zonder huisdier niet compleet en de schoothondjes van Pim Fortuyn zijn onder de naam Kenneth en Carla Fortuyn nationale idolen geworden. Op de staatsiefoto in het trappenhuis van Hotel des Indes leken ze bijna als cadeautjes aan het Nederlandse volk over de rand van de lijst heen getild te worden.

Voor huisdieren wordt goed gezorgd en de sociale status of minstens de sociale ambitie van een huishouden of baasje is heel goed af te lezen aan het huisdier. Humor rond huisdieren bestaat voor een belangrijk deel uit het laten zien van een mismatch tussen dier en baasje of juist uit een overmaat aan gelijkenis. Intuïtief weet iedereen dat en het leidde ooit tot de mooie laatste stelling bij een proefschrift: 'Het feit dat een gevaarlijke hond meestal vergezeld is van zijn baas, is zelden een geruststelling'.

Huisdieren zijn niet zo maar inwisselbaar, soms zelfs helemaal nooit, en de emotionele gehechtheid aan hond of kat kan gemakkelijk die aan mensen overtreffen, omdat honden en katten geen ambivalenties kennen. Het is niet zonder betekenis dat mensen die door hun positie nooit zeker zijn van de werkelijke toegenegenheid van anderen - royalty, miljonairs, filmsterren - vaak buitengewoon gehecht zijn aan hun dieren. Die vleien niet, althans zij behandelen hun rijke, machtige of mooie baasje niet anders dan huisdieren doen van baasjes die wat minder door het lot bedeeld zijn. Ze willen voedsel, veiligheid en aandacht. Daarvoor betalen ze met wat het baasje interpreteert als vriendschap en aanhankelijkheid.

'Onze eigen dieren' worden individuen buiten hun soort, het worden personen met een naam en een karakter. Ze verwerven een status die de soort als zodanig niet kan opeisen, al straalt de hoge waardering voor het dier als individu wel af op de soort. Het eten van hond is in de Westerse cultuur nauwelijks minder erg dan kannibalisme, het gebruiken van honden als trekdieren is al lang verboden en zelfs de 'chien méchant' is op zijn retour. Hij werd te 'honds' behandeld en dat strekte zijn baas niet tot eer. Het mishandelen en doden van huisdieren kan zelfs strafbaar zijn.

Huisdieren worden niet gedood, er wordt hoogstens euthanasie op bedreven. In principe worden huisdieren begraven en kinderen leren het begrafenisritueel en het rouwgevoel via de dood van hun huisdieren, meestal lang voor de dood van familieleden in hun leven komt. Voor zover dat al plaatsvindt als ze nog kind zijn, wordt dat vaak zorgvuldig van hen weggehouden. Als dieren voor hun baasjes personen worden, worden ze ook behandeld zoals hun baasjes voor zichzelf gepast zouden vinden. Ze krijgen eten dat naar de smaak van de baas is en ook op diens portemonnee afgestemd, er is voor hen een eigen systeem van gezondheidszorg en een hele industrie die zich met hun comfort, welbevinden en plezier bezighoudt. Er zijn begraafplaatsen voor dieren en soms zal de eigenaar zijn huisdier ook in opgezette vorm bij zich willen houden. Zover gaan mensen ten opzichte van elkaar nog niet, maar dat komt omdat mensen geen eigenaar van anderen mogen zijn. Het verlangen als een huisdier bezit te kunnen zijn van een ander, is een typisch pornografisch thema, zoals het verlangen een ander op die manier te bezitten een thema is in de suspense literatuur. Afhankelijkheid en aanhankelijkheid kan seksueel opwindend zijn, vernedering en onderwerping is met spanning verbonden.[1]

[1] Zie de boeken van Nicci French.

2. De dieren van anderen

Meestal zijn dit ook huis- en gezelschapsdieren, maar we hoeven er niet dol op te zijn. Soms zijn ze gevaarlijk of onberekenbaar, vaker hinderlijk door lawaai, aantal of geur. Tegen dieren kunnen bij overlast gemakkelijker maatregelen genomen worden dan tegen mensen, al kan dit wel tot eeuwige vijandschap tussen buren en familieleden leiden. 'Anderen' gebruiken hun huisdieren vaak als toets voor de betrouwbaarheid, vriendelijkheid en echtheid van wie hun huis binnenkomt. Het is toegestaan bang te zijn voor honden en katten, beter nog is het allergisch te zijn voor hun haren, maar de vriendschap komt onder grote druk te staan als men juist met het huisdier van vriend of vriendin op slechte voet staat. Het dier 'staat' letterlijk en figuurlijk voor zijn baas.

3. Leuke dieren buiten

De Nederlandse natuur wordt vooral bevolkt door leuke dieren, waar steeds minder jacht op gemaakt wordt en waarin steeds meer gevallen mensen voor moeten wijken. Hoog genoteerd staan de grote en kleine zoogdieren - met hert en ree aan de top - , de vogels, vooral de zangvogels, de vlinders en tenslotte ook de vissen en de reptielen. De waardering stijgt naarmate dieren mooier, aaibaarder, zangeriger of zeldzamer zijn. Sommige dieren kunnen gevaarlijk zijn - wilde zwijnen, adders - , maar omdat mensen zelden direct met ze in aanraking komen, levert dat in de praktijk weinig problemen op. Leuke dieren buiten worden gefotografeerd, beschermd door verenigingen en bijgevoederd wanneer dat nodig is. Hun dood hoort het einde van een lang leven zonder honger te zijn.

4. Enge dieren binnen en buiten

Niet zelf binnengehaalde dieren zijn eigenlijk altijd eng of hinderlijk. Buiten hoeven ze dat niet te zijn: mieren, muizen, insecten hebben buiten recht van bestaan, maar worden binnen niet geduld. Enge dieren leven in vochtige grond of mest, zijn koud en glad of akelig, omdat ze kunnen steken. Er is weinig terughoudendheid om deze dieren te doden, al zullen weinig mensen dat zelf doen als het gaat om een rat, een mol of zelfs een muis. Gelukkig zijn er voor deze onprettige taak specialisten beschikbaar. De sociale afstand tot enge dieren is groot en ze worden niet gefotografeerd en meestal ook niet gegeten. Eng is niet lekker. Enge dieren als bijvoorbeeld slangen kunnen wel weer 'binnen' een functie vervullen om anderen te intimideren. Wie zich op zijn gemak voelt tussen slangen, suggereert over bijzondere krachten te beschikken, maar waarschuwt ook voor het gevaar dat in de bezitter zelf huist. Hij moet niet uitgelokt worden, hij wil respect afdwingen.

5. Gebruiksdieren

De grote en kleine huisdieren, die geen gezelschapsdieren zijn. Dit zijn de dieren die door boeren gehouden worden om hun vlees, hun melk, hun huid of tegenwoordig ook hun recreatieve waarde (paarden). Koeien, geiten, schapen, kippen, varkens zijn, afgezien van wat exoten (struisvogels, nertsen, forellen) de belangrijkste gebruiksdieren. Voor de burger is het belangrijk te weten dat deze dieren een bij hun soort passend bestaan kunnen leiden (koeien in de wei), maar als consument is hij bereid voor lief te nemen dat de agro-industrie alleen in staat is hem tegen een relatief lage prijs van vlees, melk, eieren enzovoorts te voorzien, als de productie ook inderdaad geïndustrialiseerd plaatsvindt. Omdat het productieproces zich vrijwel geheel aan de waarneming van de burger onttrekt, blijft zijn consumentengeweten rustig. Varkenspest en MKZ-crisis hebben helaas processen en praktijken zichtbaar gemaakt, die de gemiddelde burger pijn doen aan de ogen.

In de reclame wordt het gebruiksdier voor consumptie geschikt gemaakt. Opmerkelijk genoeg gebeurt dat door individualisering en vermenselijking. De Melkunie-koe groeide uit tot een individu met menselijke eigenschappen, rechtop lopende biggetjes met petjes en jasjes roepen enthousiast dat ze niets liever willen dan in karbonaadjes veranderen. Het gebruiksdier is geen slaaf van de mens, maar een altruïst die met liefde het beste van zichzelf aan de ander geeft.

Gebruiksdieren mogen gedood worden, maar de regels voor hun onderhoud en ondergang worden wel steeds strenger. Juridisch, maar ook moreel. Bont en veren hebben als overbodige en soortbedreigende luxeproducten in veel landen afgedaan. Steeds meer mensen zien ook af van het eten van vlees en soms zelfs van het gebruik van ieder product dat van dierlijke materialen is gemaakt. Het gebruik van dieren als proefdier om farmaceutische en cosmetische producten te testen, staat onder grote druk. Hier geldt weer wel dat de markt van luxeproducten minder recht geeft op het gebruik van dieren dan wat als medische noodzaak wordt beschouwd. Alleen een hoog belang weegt op tegen de gezondheid en het leven van het dier.

6. Kijkdieren

Op televisie en in dierentuinen komen we kijkdieren tegen. Dit zijn bijzondere dieren die voor mensen door de aard van hun habitat (de diepzee, de woestijn, het oerwoud) vrijwel onbereikbaar zijn voor bijna iedereen. De grens met virtuele dieren - de opvolgers van de fabeldieren van vroeger - is in de media vloeiend, maar ook als het om werkelijk bestaande dieren gaat, zijn ze toch vooral een 'Gestalt' en tegelijk ook een projectievlak voor onze fantasieën. Het verschil tussen dierentuinen en Disney is voor de gemiddelde burger minder groot dan biologen gepast vinden. 'Walking with dinosaurs' heeft inmiddels duidelijk gemaakt hoe vloeiend de overgang tussen empirie en fantasie en tussen wetenschap en amusement is.

Kijkdieren horen een natuurlijke dood te sterven in hun eigen omgeving. De grootste zorg is van hen geen gebruiksdieren en geen huis- of gezelschapsdieren te maken. De kans op het verdwijnen van de soort heeft deze zorg in toenemende mate ook een wettelijk kader gegeven. De jacht op kijkdieren is aan de camera voorbehouden. Kijkdieren worden bewonderd, niet meer overwonnen. Dat geldt zelfs voor kijkdieren die als gevaarlijk of eng worden beschouwd.

Onze eigen dieren en de dieren van anderen hebben tot op grote hoogte de status van beschermwaardige personen verworven. De leuke dieren buiten beschermwaardige individuen geworden, de enge dieren buiten en de dierentuindieren zijn beschermwaardige soorten. Bij de gebruiksdieren zijn we vooral gevoelig geworden voor de beschermwaardigheid van de bij hen passende levenswijzen, terwijl de enge beesten niet op meer mogen rekenen dan een gecriminaliseerd en gestigmatiseerd bestaan aan de rand van de door mensen gedefinieerde wereld van het dier. Naarmate de beschermwaardigheid van een hogere orde is neemt de vrijheid om het dier te doden af. Die vrijheid wordt in een gegeven geval echter ook mede bepaald door de proportionaliteit van het belang dat met het doden gemoeid is. Naarmate het doden meer in het levensbelang van de mens is, neemt de vrijheid toe tot zelfs noodzaak of plicht. In onze samenleving zal die noodzaak zich zelden op het niveau van het individu voordoen, maar in het geval van proefdieren kan het doden gelegitimeerd zijn in de strijd tegen bepaalde ziekten. Mensen bepalen de beschermwaardigheid van dieren. De dieren zelf wordt uiteraard niets gevraagd.

De beschermwaardigheid van het leven en de pijnlijkheid van het doden

Voor de toenemende, maar uiteindelijk toch selectieve beschermwaardigheid van dieren en het daarmee samenhangende intensere gevoel van pijnlijkheid als een dier gedood moet worden, zijn veel redenen aan te geven. Tot de belangrijkste hoort toch wel de algemeen maatschappelijke doorwerking van de evolutietheorie. Darwin maakte duidelijk dat de mens niet een aparte schepping is naar het evenbeeld van God, maar een deel van de natuur in ontwikkeling, voortgekomen uit en grotendeels nog behorend tot het rijk van de dieren. Een dier met bijzondere eigenschappen en ook met een bijzondere verantwoordelijkheid, maar toch een dier.

Het seculariseringsproces, waar de evolutietheorie ook zelf een factor in was en is, maakte het voor de mens ook gemakkelijker te aanvaarden een deel van de natuur te zijn en in te zien dat hij waarschijnlijk God naar zijn eigen beeld geschapen heeft. Het zal geen toeval zijn dat het verzet tegen de evolutietheorie en het geloof in het 'creationisme' (God schiep per dag en per soort) het sterkst is in gebieden waar de omgang met dieren nog sterk in het teken van veehouderij en jacht staat. De evolutietheorie creëert een ongemakkelijke nabijheid tot het dier, het creationisme juist afstand. De mens als meester van de schepping, voelt zich in die rol meer op zijn gemak als hij kan geloven dat dit een van God gegeven orde is.

De evolutietheorie heeft de wetenschappelijke energie vrijgemaakt die het mogelijk maakte te ontdekken dat veel dieren, zeker de hogere dieren, in veel opzichten over mogelijkheden en faculteiten beschikken die traditioneel altijd als uniek voor de mens werden gezien. Dieren van een zelfde soort blijken over soms hoogontwikkelde onderlinge communicatiesystemen te beschikken, dieren kunnen van hun ervaringen leren, dieren kunnen strategisch gedrag vertonen en kennen soms buitengewoon ingewikkelde systemen van groepsvorming. Veel dieren kunnen angst, woede en vreugde voelen, pijn lijden en getraumatiseerd worden. Steeds meer wint ook het inzicht veld dat dieren op een met mensen vergelijkbare manier gelukkig en ongelukkig kunnen zijn.

Deze inzichten brengen de hogere dieren dichterbij de mens zonder dat er meteen sprake is van een vermenselijking of antropomorfisering van het dier. In zijn interessante essay over dierenechten[2] haalt de filosoof Paul Cliteur de Amerikaanse ethicus Peter Singer aan, die zich nadrukkelijk afzet tegen wat hij in analogie met racisme en seksisme het 'speciesisme' van de mens noemt. De mens heeft meer gemeen met andere soorten dan hij gedacht heeft en daarmee wordt het menselijke ook minder exclusief. Het is daarbij opvallend te zien hoe de oude strijd met de dieren steeds meer plaatsmaakt voor verwondering en verrukking. De mogelijkheden van foto en film hebben de bijzondere

[2] P. Cliteur, *Darwin, dier en recht*. Boom, Amsterdam 2001.

schoonheid van dieren die hun perfecte aanpassing aan de omgeving op een unieke en onontkoombare manier zichtbaar maakt. Voor Singer mag de bewondering ook wegblijven. Het bestaan van dieren hoort geen functie te zijn van het oordeel van de mens. Singer's standpunt dat je niet perse van dieren hoeft te houden om hun bestaansrecht te respecteren is na de moord op Pim Fortuyn aangetroffen op de website van zijn vermoedelijke moordenaar, Volkert van der G.

Een ambivalent gevoel levert de 'verdierlijking' van de mens wel op. Norbert Elias heeft in de jaren na 1930 de geschiedenis van de Westerse samenlevingen sinds de middeleeuwen als een proces van civilisatie geduid en beschreven.[3] Een typische uiting van het civilisatieproces is een geleidelijke versterking van gevoelens van pijnlijkheid en van schaamte als het gaat om lichamelijke functies en affecten, in gedrag merkbare gevoelsuitingen. Elias verbindt de pijnlijkheid sterk met gebieden die in zijn tijd nog als hinderlijk dierlijk werden gezien. Dat gold in het bijzonder voor de seksualiteit, maar ook voor wat nu zo mooi persoonlijke verzorging heet: wassen en ontlasten. Inmiddels is het centrum van de pijnlijkheids gevoelens wat verschoven en meer verbonden geraakt met vuil en verval enerzijds en dood en geweld anderzijds. Het ooit zo pijnlijk dierlijke van de seksualiteit is in geësthetiseerde vorm 'pijnloos' zichtbaar geworden en als natuurlijke uitingsvorm ook gezond verklaard. Lichamelijke verrichtingen als poepen en plassen zijn gemedicaliseerd en gehygiëniseerd, wel bespreekbaar geworden, maar tegelijkertijd ook onhoorbaar en onruikbaar verborgen achter gesloten deuren in ruimtes die de suggestie van smetvrijheid en uiterste reinheid moeten uitstralen. Reinheid ritualiseert de omgang met wat vuil is tot wat op zich weer rein is. De witte jas en de witte tegel symboliseert de schone omgang met wat lelijk en vies is.

We weten dat gebruiksdieren in de meeste gevallen door mensen gedood worden en zelden een natuurlijke dood sterven. Deze wetenschap is voor sommigen in onze samenleving zo pijnlijk geworden, dat ze geen gebruik meer willen maken van producten die door het doden van dieren tot stand zijn gekomen. Met andere woorden, wol, melk en eieren zijn niet taboe, maar vlees en leer wel. Sommigen gaan nog verder dan vegetarisme en kiezen voor veganisme, de onthouding van het gebruik van ieder product van dierlijke oorsprong. Dat is als een erkenning van het soortgelijk zijn van dier en mens toch ook een ontkenning van het 'dierlijke' in de mens, die een alleseter en een alles gebruiker is.

Voor de meeste mensen is het voldoende niet met het doden of het gedode dier geconfronteerd te worden. Slachterijen zijn gesloten instellingen geworden en geen slagerij in Nederland hangt nog trots de juist geslachte koe in het zicht. Rembrandt en Adriaan van Ostade konden in de 17^{e} eeuw nog zonder omhaal de pracht van een op een rek opengelegd rund schilderen. In de twintigste eeuw is geslacht vee geen teken van leven en bewijs van welvaart meer, maar een symbool van wreedheid en dreiging, zoals bij Chaim Soutine en bij Francis Bacon. In het werk van Lucian Freud wordt de mens zelf verdierlijkt tot een onappetijtelijke vleesberg.

Vlees is bij voorkeur niet herkenbaar als het dier dat het eens was. In mindere mate geldt dat ook voor vissen en voor schaaldieren. Uiteraard zijn er van de weeromstuit juist weer mensen die zich er op laten voorstaan zonder problemen evident 'dierlijk' voedsel te eten. Het eten van een oester, een kwarteltje of een inktvis is een prestatie waarin verfijning van smaak een verbinding aangaat met een gevoel van superioriteit. De mens is de maat

[3] N. Elias, Het civilisatieproces. Sociogenetische en psychogenetische onderzoekingen. 2 dln. Spectrum, Utrecht & Antwerpen 1982.

van de dingen en staat boven de andere soorten. Darwin is de naam van een restaurant geworden. Deze nieuwe vorm van snobisme heeft nog niet het stadium van het dragen van een vosje bereikt. Voor Koningin Wilhelmina was dat nog synoniem voor een warme kraag van bont. Geen vrouw waagt zich daar nog aan in het openbaar, al was het maar om zich de haat van kinderen niet op de hals te halen. Alleen een vrouw die Cruella heet kan verlangen naar een jasje van hond.

Schaal en schade

De varkenspest, de MKZ-crisis en de regelmatige salmonella-epidemieën hebben ook het grote publiek inmiddels duidelijk gemaakt dat de productie van vlees, eieren en zuivel niet alleen een enorme omvang heeft aangenomen, maar ook geïndustrialiseerd is geraakt op een schaal en een wijze die niet als passend bij hoogwaardige levende wezens wordt gezien. Het is ook duidelijk geworden dat er aan deze productiewijze bepaalde gezondheidsrisico's verbonden zijn. Voor veel mensen is het een schok geweest te beseffen dat ter preventieve bescherming van hun gezondheid of zelfs alleen maar ter behoud van afzetmarkten honderdduizenden gezonde dieren geslacht zijn. De massaliteit van de productie maakt niet alleen ons, maar ook het productieproces zelf zeer kwetsbaar.

Vragen naar de werkelijke behoefte van de mens aan vlees en dierlijk producten komen dan vanzelf op, vaak gepaard met vragen naar een aanvaardbare prijs in relatie tot een meer diervriendelijke productiewijze, soms ook verbonden met een besef van de uitzonderlijkheid van de hoge en alledaagse consumptie in de Westerse landen van producten die in de geschiedenis van de mensheid eigenlijk altijd schaars en duur waren. Is er zoveel nodig? Mogen dieren zo ongelimiteerd gebruikt en gedood worden om in onze consumptiebehoefte te voorzien?

Het antwoord op deze vragen wordt steeds kritischer van toon. In het gedrag van de consument wordt dat alleen nog zichtbaar in de toename van het aantal mensen dat regelmatig of altijd vegetarisch eet. Van een werkelijke grootschalige verandering in de productiewijze kan nog niet gesproken worden, al zullen bij een blijvend hoog welvaartsniveau toch steeds meer consumenten bereid zijn meer te betalen voor 'diervriendelijk' tot stand gekomen producten. Weinigen zullen zich realiseren dat ze vooral bereid zijn meer te betalen voor wat in essentie 'mensvriendelijk' is: eten zonder schaamte of schuld.

Het doden van dieren: historische aspecten

Prof. dr. J.L. van Zanden[1] *en Dr. P.A. Koolmees*[2]

[1]*Instituut Geschiedenis, Faculteit der Letteren, Universiteit Utrecht*
[2]*Hoofdafdeling Volksgezondheid en Voedselveiligheid, Faculteit der Diergeneeskunde, Universiteit Utrecht*

Inleiding

Tegenwoordig staat de relatie tussen mensen en dieren volop in de belangstelling en worden er diverse, vaak tegenstrijdige opvattingen met betrekking tot deze relatie verkondigd. Enerzijds lijkt men in bepaalde delen van de samenleving steeds gevoeliger te zijn geworden ten aanzien van de omgang met dieren, met name gezelschapsdieren, terwijl juist in andere delen - de intensieve veehouderij - de relatie mens-dier steeds verder is verzakelijkt. Omstreeks 1850 bestond er weinig verwarring omtrent dit onderwerp en werd over deze relatie tamelijk simpel en eenduidig gedacht: de mens was de natuurlijke heerser over de dieren. Vanuit een liberaal vooruitgangsgeloof werd de natuur met de daarin levende dieren naar believen onbeperkt geëxploiteerd. De bekende uitspraak van René Descartes dat dieren gevoelloze machines zijn, paste in dit denken[1]. Voor de destijds algemene idee van de natuurlijke heerschappij van de mens over de dieren is niet één oorzaak aan te voeren; het wortelt in diverse tradities.

In deze voordracht wil ik nader ingaan op de verandering in mentaliteit ten aanzien van de mens-dier relatie die zich in de laatste anderhalve eeuw heeft voorgedaan teneinde de huidige botsing van mentaliteiten beter te kunnen verklaren.

Rationalisatie en vervreemding

Er zijn twee bewegingen te constateren die in belangrijke mate hebben bijgedragen tot de huidige verwarring omtrent onze omgang met dieren. Enerzijds is dat de ontwikkeling van de agro-industrie met zijn ver doorgevoerde rationalisatie van de dierlijke productie die heeft geleid tot schaalvergroting, kostenverlaging en exponentiële groei van de export van zuivel, eieren en vlees. Zeker voor buitenstaanders heeft dat geleid tot het idee dat ondernemers in de bio-industrie op een louter instrumentale wijze omgaan met dieren waarbij gele oormerken in de plaats zijn gekomen van een persoonlijke benadering. Afgezien van de vraag of dieren het in het verleden beter hadden, heerst nu toch het algemene beeld dat tengevolge van de rationalisatie het welzijn van de commercieel gehouden dieren wordt geschaad. Het fenomeen kistkalf was al in de 19^{e} eeuw bekend en niemand lag daar wakker van, maar door de intensivering en industriële benadering van deze wijze van kalverenmesterij is het kistkalf nu synoniem geworden voor dierenleed. In het proces van rationalisering van de intensieve veehouderij zijn ten aanzien van het welzijn van dieren toch ook lichtpuntjes te constateren. De ontwikkeling van diergeneeskundige zorg voor de dieren had een positief effect op de kwaliteit van hun

[1] R. Vermeij, Dieren als machines. Een stok om de hond te slaan. *Groniek* 126 (1994) 51-63.

leven. De levensduur van zieke en improductieve dieren werd verkort en de kwaliteit van het doden van dieren werd verbeterd.

Een tweede trend die heeft bijgedragen aan de huidige verwarring is de vervreemding van de urbane consument van het plattelandsleven en de landbouw. Daarnaast kijkt de stedeling tegenwoordig anders aan tegen de natuur. De opkomst en ontwikkeling van de dierenbescherming vanaf de jaren 1860 vormde een eerste aanzet tot deze veranderde mentaliteit. In de loop van de negentiende eeuw werd dierenmishandeling geleidelijk als verwerpelijk beschouwd. Als goed Christen behoorde de mens barmhartig te zijn tegenover dieren en deze daarom 'menselijk' te behandelen. Dierenmishandeling werd vooral onder Calvinisten, Quakers en Methodisten als zonde beschouwd. Behalve religieuze en filosofische ideeën speelden andere factoren een rol bij de mentaliteitsverandering van de mens in zijn houding tegenover het dier, zoals de opkomst van de industriële productie, de groei van de steden, de doorwerking van het seculariseringproces en de opkomst van de dierenbescherming en het vegetarisme.[2] Vooralsnog was de dierenbescherming een kleine elitebeweging die gericht was op het verheffen van de zedelijkheid en beschaving van de mens; pas in de loop van de twintigste eeuw zou de aanhang breder worden met vertegenwoordigers uit alle lagen van de bevolking.[3] Rond 1900 ging de aandacht in de dierenbescherming vooral uit naar het verbeteren van de situatie van trekhonden en de invoering van verplichte bedwelming bij het slachten van dieren.[4] In 1890 kwam de actieve en meer radicale Bond tegen vivisectie tot stand.[5] De Nederlandsche Vegetariërs Bond die sterk gelieerd was met het opkomend socialisme en de dierenbeschermingsgedachte, werd vier jaar later opgericht.[6]

Onder invloed van de beschavingsidealen van de dierenbeschermers en de Romantiek veranderde tegen het einde van de negentiende eeuw ook de kijk op de natuur. Auteurs als de dichter Herman Gorter (*Mei, een gedicht*, 1889) en de natuuronderzoekers E. Heimans en Jac. P. Thijsse droegen hieraan in belangrijke mate bij. De laatste werd het symbool van de natuurbescherming. Naast het exploiteren van de natuur kwam er steeds meer aandacht voor de natuur als bron van harmonie en schoonheid waarvan men kon genieten.[7] Deze opvattingen uitten zich onder meer in de oprichting van de Vereeniging tot behoud van Natuurmonumenten in Nederland in 1905.[8] Diverse toonaangevende personen als bankiers, kooplieden, politici en baronnen maar ook biologen en leraren werden lid en droegen het idee uit dat dieren ook gevoelens en bepaalde rechten zouden hebben.

---

[2] H. Buiter. *Arbeiden aan de veredeling van den mensch. 125 jaar Sophia-Vereeniging tot bescherming van dieren.* Thoth, Amsterdam 1993; C.A. Davids. *Dieren en Nederlanders. Zeven eeuwen lief en leed.* Matrijs, Utrecht 1989, pp. 47-48, 66-68, 169, 176; J. Serpell, *In the company of animals. A study of human-animal relationships.* Blackwell, Oxford etc. 1986, pp. 128-130.

[3] C.A. Davids, Aristocraten en juristen, financiers en feministen. Het beschavingsoffensief van de dierenbeschermers in Nederland voor de Eerste Wereldoorlog. *Volkskundig Bulletin* 13 (1987) 157-200.

[4] P.A. Koolmees, *Symbolen van openbare hygiëne. Gemeentelijke slachthuizen in Nederland 1795-1940.* Erasmus Publishing, Rotterdam 1997, 229-259.

[5] A.A. Kluveld-Reijerse, *Reis door de hel der onschuldigen. De expressieve politiek van de Nederlandse Anti-vivisectionisten, 1890-1940.* Dissertatie, Universiteit Maastricht 1999.

[6] A. de Roo, *Natuurlijk, ethisch en gezond. Vegetarisme en vegetariërs in Nederland 1894-1990.* Amsterdam 1992.

[7] J.L. van Zanden, *Vogels, mensen en geschiedenis.* Oratie, Faculteit der Letteren, Universiteit Utrecht 1993; J.L. van Zanden, *Groene geschiedenis van Nederland.* Het Spectrum, Utrecht 1993.

[8] J.W, van Dieren & A. Scheygrond, *Gedenkboek Dr. Jac. P. Thijsse.* Versluys, Amsterdam 1935, pp. 7-27.

Polarisatie van de standpunten

In de loop van de twintigste eeuw ontstond er een steeds grotere afstand tussen de 'zakelijke' en 'sensibele' houding van de mens tegenover het dier. Alhoewel een mentaliteitsverandering een maatschappelijk proces is dat zich langzaam voltrekt, zien we vanaf de jaren 1960 beide houdingen ten opzichte van dieren zich steeds verder van elkaar verwijderen.

Gesteund door diverse onderzoeksinstellingen en universiteiten op het gebied van de landbouw, veehouderij, diergeneeskunde en voedingsmiddelenproductie trad er in de loop van de tweede helft van de twintigste eeuw een ver doorgevoerde rationalisering alsmede een enorme intensivering en schaalvergroting in de veehouderij op. In deze sector maar ook in de aanverwante visteelt en pelsdierhouderij werden dieren steeds meer als productie-eenheden en luxe consumptie goederen beschouwd. Dit gold vooral voor de exponenten van de intensieve veehouderij, namelijk varkens en pluimvee. Alle fasen van productie tot aan de supermarkt verdwenen geleidelijk uit het zicht van de consument achter de muren van varkensstallen, legbatterijen, slachterijen en voedingsmiddelenconcerns en in gesloten vrachtwagens voor levend vee en vlees. Dit gebeurde niet zozeer bewust vanuit de sector zelf maar simpelweg omdat de moderne urbane consument van de dierlijke productieketen niets meer wilde horen, zien of ruiken. De stedeling wilde niet meer weten waar zijn vlees vandaan kwam en heeft er inmiddels ook nauwelijks meer weet van. Bij de expansie van de dierlijke productie in Nederland stonden economische motieven voorop, export en handel voeren er wel bij. Met uitzondering van de dodingmethode bij het slachten werd er aan dierenwelzijnaspecten nauwelijks aandacht geschonken; de producent kreeg wat dat betreft haast onbeperkte rechten.

Deze houding ten opzichte van het dier staat in schril contrast met de huidige discussies over het toekennen van rechten aan het dier op basis van een sterk ontwikkeld antropomorfisme en consequent doorgevoerd Darwinisme.[9] In betrekkelijk korte tijd lijkt de attitude van de postmoderne mens ten aanzien van de jacht, natuurbeheer, de slacht en het 'ruimen' van productiedieren in het kader van dierziektebestrijding wezenlijk te zijn veranderd. In 1962 werden bij een uitbraak van varkenspest in Nederland 320.000 varkens geruimd en begraven; niemand lag daar destijds wakker van. In 2001 werden bij de bestrijding van een uitbraak van mond- en klauwzeer 280.000 dieren geruimd; deze calamiteit leidde tot grote maatschappelijke onrust op nationaal en internationaal niveau. Kennelijk maakte de onverschilligheid ten aanzien van het welzijn van productiedieren snel plaats voor begrippen als integriteit, intrinsieke waarde en universele rechten van dieren. Dierenwelzijn werd een onderwerp van overheidsbemoeienis en kreeg, voor wat gehouden dieren betreft, een eigen hoofdstuk in de Gezondheid- en welzijnswet voor dieren van 1992.

Emotie versus zakelijkheid

De mentaliteitsverandering van de Nederlander ten opzichte van dieren kan voor een belangrijk deel worden verklaard uit de tweede grote golfbeweging van de natuurbescherming, namelijk de opkomst van de milieubeweging en de revival van de vegetarische

[9] P. Cliteur, *Darwin, dier en recht*. Boom, Amsterdam 2001; B.E. Rollin, *Animal rights and human morality*. Prometheus, New York 1981; P. Singer, *Darwin voor links. Politiek, evolutie en samenwerking*. Boom, Amsterdam 2001.

beweging. Beide bewegingen gingen steeds feller kritiek op misstanden in de bio-industrie uitoefenen en wezen erop dat de moderne intensieve veehouderij via mestoverschotten, uitstoot van ammoniak en ruim gebruik van kunstmest een bedreiging vormde voor de natuur. De grens van massaproductie van voedingsmiddelen van dierlijke oorsprong zou zijn bereikt.[10] De recente uitbraken van varkenspest en mond- en klauwzeer leidden ertoe dat dierenwelzijn steeds nadrukkelijker op de politieke agenda kwam te staan en dat bekende Nederlanders als Koos van Zomeren, J.J. Voskuil en Youp van 't Hek, maar ook minder bekenden diervriendelijke acties voerden.[11] De emoties liepen hierbij soms hoog op hetgeen uitmondde in controversiële uitspraken.[12] Emoties spelen ook een belangrijke rol bij dat deel van de dierenbeschermingsbeweging dat sterk is geradicaliseerd en niet terugdeinst voor brandstichting, inbraak en intimidatie van mensen die in de verschillende dierenpraktijken actief zijn. Anderzijds is er sprake van een continuering van de zakelijkheid en nuchterheid bij producenten en beleidsmakers. Productiedieren leden en leiden een bestaan in dienst van het rendement. Ondanks de maatschappelijke onrust werd het stamping-out beleid door de Nederlandse regering die was gebonden aan internationale afspraken, volgzaam uitgevoerd. De hele productieketen wordt wetenschappelijk ondersteund. Dezelfde ondersteuning wordt verleend aan natuur- en milieubeheer en aan het houden van gezelschaps- en recreatiedieren. Nederland gaat zakelijk om met productiedieren maar is een verzorgingsstaat geworden voor 'leuke' dieren zoals zeehonden, bevers, otters, ooievaars en kraanvogels.

De hier beschreven ontwikkelingen hebben geleid tot de moderne bizarre tegenstelling in het waarden en normen systeem dat wij hanteren ten aanzien van de verschillende dieren. Feitelijk geldt die tegenstelling ook voor de mens zelf. Immers de arbeid van de mens wordt als product beschouwd, maar als consument is de klant zelf koning.

Stellingen

1. In de loop van de 20e eeuw zijn er bij stedelingen respectievelijk de plattelandsbevolking en producenten twee verschillende en gedeeltelijk conflicterende sets van waarden en normen ontstaan met betrekking tot de mens-dier relatie.
2. Er is een verregaande vervreemding van de moderne stedeling ontstaan tegenover het houden van productiedieren, inclusief de praktijk van het doden van deze dieren.

[10] Zie bijv. het tijdschrift *De Kleine Aarde*; J. Rifkin, *Beyond beef. The rise and fall of the cattle culture.* Dutton, New York 1992 en L. Reijnders, *Voedsel in Nederland: gezondheid, bedrog en vergif.* Van Gennep, Amsterdam 1974.

[11] Zoals bijv. de oprichting van de 'Stichting varkens in nood' en 'Ent Nederland Nu'.

[12] De vergelijking tussen de jodenvervolging en de bio-industrie van Robert Long. Deze ongenuanceerde vergelijking werd later nog onderschreven door de theoretisch historicus F.R. Ankersmit. Zie: Dachau en de varkens. *Historisch Nieuwsblad* 9 (2000) nr 10, 37-38.

Het doden van dieren: ethische aspecten

Prof. dr. J. De Tavernier en Ir. S. Aerts, Centrum voor Agrarische Bio- en Milieu-ethiek, Katholieke Universiteit Leuven, België

Inleiding

Het gebruik van en onze omgang met dieren wordt in toenemende mate als moreel problematisch ervaren op grond van gewijzigde morele intuïties omtrent de waarde die men aan dieren toekent.[1] Uiteraard heeft dit zijn weerslag op de morele reflectie over slachten. De kern van ons betoog is de stelling dat de aanvaardbaarheid van vele vormen van diergebruik, in casu ook het doden van dieren voor vleesconsumptie of het doden van 'on'gedierte omwille van de volksgezondheid, sterk bepaald is door de principiële vraag wat de morele status van dieren is en de daarvan afgeleide normen die onze omgang met dieren kleuren. Ideeën en attitudes van voor- en tegenstanders van vele vormen van diergebruik (extensieve of intensieve veehouderij, dierentransport, dierentuinen, dierenexperimenten, circusdieren) kunnen verklaard worden op basis van het feit of wij, mensen, een directe dan wel een louter indirecte plicht hebben om het welzijn van dieren te behartigen en ten tweede - in het geval van directe plichten - wat de implicaties zijn van het feit dat we dieren beschouwen als morele objecten of objecten van morele zorg.[2]

Is het leven van dieren beschermwaardig?

Traditionele ethische opvattingen in onze cultuur zijn sterk mensgericht (of antropocentrisch) gekleurd. Op faculteiten voor landbouwkundige en toegepaste biologische wetenschappen of diergeneeskunde is deze mentaliteit prominent aanwezig. In een antropocentrische denk- en handelingstraditie steunt men een *instrumentele* visie op dieren. Men reserveert de notie intrinsieke waarde voor mensen: enkel mensen zijn personen. Zij genieten persoonswaarde; de mensenrechten zijn enkel op hen van toepassing. De notie *intrinsieke* waarde functioneert dus ten aanzien van mensen (in de humane ethiek) als een duidelijke begrenzing van het heersen over medemensen. Men eist eerbied voor de eigenheid van de ander en dat uit zich in respect voor hun vrijheid of autonomie. Wie ooit het museum van de slavenhandel in Willemstad op Curaçao bezocht heeft, beseft het historisch belang van deze typisch moderne gedachte. In een antropocentrische ethiek hebben dieren in vergelijking met mensen geen intrinsieke waarde. Ze zijn nutsgoederen voor menselijke belangen. Het is vanuit deze visie dat de veeteelt in onze westerse landen zo'n hoge vlucht genomen heeft. Wie voedselzekerheid of inkomensverbetering van veeboeren belangrijk acht (typisch humaan-ethische aandachtspunten), zal gemakkelijk instemmen met intensivering van veeteeltmethoden en dus geen probleem zien in de toename van het aantal dieren dat moet worden geslacht. Genetische modificatie van dieren met het oog op productiviteitsstijging of allerhande

[1] F.W.A. Brom, *Onherstelbaar verbeterd. Biotechnologie bij dieren als een moreel probleem*. Van Gorcum, Assen 1997, p. 67 e.v.

[2] Voor een goed overzicht van alle mogelijke posities, zie: D. VanDeVeer, *Interspecific Justice*, in D. VanDeVeer & C. Pierce (eds.), *People, Penguins and Plastic Trees: Basic Issues in Environmental Ethics*, Belmont, 1986, p. 3 e.v.

menselijke toepassingen (bijv. xenotransplantatie) vormt in deze gedachtegang evenmin een probleem. En mensen mogen vanuit dit perspectief een onderscheid maken tussen nutsdieren en ongedierte. Enkel zij bepalen voor zichzelf welke dieren belangrijk/nuttig respectievelijk onbelangrijk/onnuttig zijn en wie, waar, wanneer gedood wordt. Als economische belangen zwaar wegen, dan mag je toch gezonde dieren 'ruimen' om MKZ-verspreiding te bestrijden of dieren afmaken die niet meer productief genoeg zijn? Wanneer huisdieren tot last geworden zijn, dan dood je ze toch?

Is er in deze gedachtegang dan geen enkele aandacht voor dierenwelzijn? Toch wel! Men gebruikt een oud moreel idee van Thomas van Aquino, overgenomen door Immanuel Kant: dieren mishandelen of kwellen zonder zwaarwichtige of proportionele redenen is onaanvaardbaar omdat het de morele gevoeligheid van mensen voor hun medemensen dreigt af te stompen.[3] Wie barmhartig is voor dieren is ontvankelijker voor het leed van medemensen. Thomas verwijst naar Spreuken 12,10 '*De rechtvaardige weet wat zijn beesten behoeven, maar de zondaars zijn meedogenloos van aard*'. Een vergelijkbare argumentatie verschaft Kant in de zeventiende paragraaf van zijn *Metaphysik der Sitten* (1797). De mens heeft de plicht het schone in de natuur niet te verstoren en de dieren niet te kwellen omdat daardoor '*das Mitgefühl an ihren Leiden im Menschen abgestumpft und dadurch eine der Moralität im Verhältnisse zu anderen Menschen sehr diensame natürliche Anlage geschwächt und nach und nach ausgetilgt wird*'.[4] Dieren onbarmhartig behandelen is uit zichzelf niet verwerpelijk, wel vanwege het neveneffect, namelijk het afstompen van de gevoeligheid voor menselijk leed.[5] Men heeft dus geen directe plichten tegenover dieren, wel indirecte plichten, een klassieke overtuiging die nog steeds aanwezig is in zowel veeteeltkringen als in kringen van traditionele dierenbeschermingsbewegingen.[6]

Deze antropocentrische traditie wordt recentelijk scherp bekritiseerd door het *zoöcentrische* gedachtegoed. Het zoöcentrisme presenteert zich als een houding waarin een *niet-instrumentele* visie op dieren wordt ontwikkeld. Men kent dus ook aan dieren *intrinsieke* waarde toe: dieren zijn uit zichzelf beschermwaardig. Het zoöcentrisme wordt vanuit twee hoeken aangewakkerd. Enerzijds wordt benadrukt dat sommige dieren gevoelige wezens zijn die men niet (of niet onnodig) mag laten lijden (*pathocentrisme*) en waarvan men het welzijn dient te behartigen *(animal liberation movement* of *dierenbevrijdingsbeweging* - Peter Singer). Anderzijds wordt benadrukt dat dieren rechten hebben die men dient te respecteren op basis van het feit ze '*subjects of a life*' zijn *(animal rights movement* of *dierenrechtenbeweging* - Tom Regan; alle normaal ontwikkelde zoogdieren van ouder dan één jaar, zowel mensen als dieren). Beide richtingen beschouwen het scherpe dualisme tussen menselijk en niet-menselijk leven, dat bij uitstek de westerse ethiek kenmerkt en een exponent van de christelijke traditie is, als een vorm van '*speciesisme*' of '*ras-sisme*'.[7]

---

[3] *Summa Theologiae* I-II 102,6.

[4] I. Kant, *Metaphysik der Sitten*. In: W. Weischedel (Ed.) *Immanuel Kant. Werke in sechs Bänden IV*. Wissenschaftliche Buchgesellschaft, Darmstadt 1963, p. 78.

[5] Een eigentijds werk dat zich hierop baseert, is bijv. M.G. Hansson, *Human Dignity and Animal Well-Being. A Kantian Contribution to Biomedical Ethics*. Almqvist & Wiksell, Uppsala 1991, vooral pp. 146-150.

[6] Zie: P.A. Koolmees, *Symbolen van openbare hygiëne. Gemeentelijke slachthuizen in Nederland 1795-1940* (doctoraatsproefschrift). Erasmus Publishing, Rotterdam 1997, pp. 231-232, 235-237.

[7] T. Regan, Animal Rights, Human Wrongs. *Environmental Ethics* 2 (1980) 99-120; Idem, *The Case for Animal Rights*. Routledge & Kegan, London 1983; P. Singer, *Animal Liberation. A New Ethics for our Treatment of Animals*. New York 1973; London, 1976.

De Australische filosoof Singer, een aanhanger van het preferentie-utilitarisme, beroept zich op Jeremy Bentham. De vader van het klassieke utilitarisme stelt in 1789 reeds het klassieke persoons- en rationaliteitsargument in de ethiek ter discussie en vervangt het door het empirisch verifieerbare vermogen van plezier/voldoening beleven en pijn lijden of frustratie ondergaan: '*The question is not, can they reason? Nor, can they talk? But, can they suffer?*' (vandaar '*pathocentrisme*', van het Griekse woord '*pathos*').[8] Waarnemingsvermogen, pijnontvankelijkheid en gevoeligheid worden aldus verheven tot criterium voor morele relevantie. Elk wezen dat lijdt, verdient morele consideratie. Dat houdt in dat het morele verbod '*gij zult niet doden*' (of niet-beschadiging, niet-vernietiging, geen onnodig lijden) of het morele gebod '*recht op leven*' minstens op alle wezens met een functioneel centraal zenuwstelsel van toepassing is. Concluderend stelt Singer: gezien gevoelige wezens belangen kunnen hebben, moet men leed bij dieren vermijden. Dit standpunt ondersteunt het belang van bedwelming bij slachten. Toch keert Singer - zoals we verder zullen zien - zich ook tegen het doden zelf. Wie niet utilitaristisch maar op basis van het pathocentrisch aanvoelen deontologisch denkt, zal zich onvoorwaardelijk kanten tegen het slachten van pijngevoelige wezens. Slachten is in deze visie zonder meer een genocidale praktijk.

Awareness, (self-)consciousness, sentiency, autonomy, language?

Het zoöcentrisme stelt de antropocentrische omgang met dieren radicaal ter discussie. Welke argumenten stofferen het verhitte debat tussen beide verhaaltradities? Hoe gaan zoöcentristen om met de volgende opmerkingen? Kent de evolutie geen hiërarchie in levensvormen en is de mens niet het enige 'dier' dat over zichzelf spreekt, dat in staat is om vanuit een bepaalde ruimtelijke en tijdelijke positie de werkelijkheid te overzien, er bewust van te zijn en zich een toekomst te projecteren? Is de mens toch niet als enige in staat om zijn biologische beperktheid te overstijgen en maakt zijn mogelijkheid tot cultuurschepping en moraliteit precies de mens niet tot 'mens'? De argumenten zijn door auteurs als Frey, Leahy en Cohen veelvuldig verwoord: "*Tussen soorten met een bezield leven - tussen bijvoorbeeld mensen aan de ene kant en katten en ratten aan de andere kant - zijn de moreel relevante verschillen enorm groot en worden die verschillen bijna universeel aangenomen. Mensen hebben de mogelijkheid tot morele reflectie, mensen zijn moreel autonoom, mensen zijn lid van morele gemeenschappen en herkennen rechtvaardige eisen tegenover hun eigen belangen. Mensen hebben rechten; hun morele status is zeer verschillend van de morele status van ratten of katten*".[9] Leidt dat niet vanzelfsprekend tot een antropocentrische of speciesistische opstelling?[10]

Het zoöcentrische antwoord hierop is deels wetenschappelijk, deels filosofisch. Recent is door ethologisch onderzoek aangetoond dat bepaalde diersoorten ook over eigenschappen beschikken die men tot voor kort exclusief menselijk achtte (zoals een zeker

[8] J. Bentham, *An Introduction to the Principles of Morals and Legislation* (ed. W. Harrison), Oxford, University Press, 1948 (eerste editie: 1789), p. 412. Zie ook: J. Passmore, The Treatment of Animals. *Journal of the History of Ideas* 36 (1975) 196-218.

[9] C. Cohen, The Case for the Use of Animals in Biomedical Research. *The New England Journal of Medicine* 14 (1996) 867 e.v.

[10] M.P.T. Leahy, What Animals Are: Consciousness, Perception, Autonomy, Language, in Idem., *Against Liberation. Putting Animals in Perspective*. Routledge, London-New York 1996, pp. 140-166.

abstractievermogen, geheugencapaciteit, reageervermogen, inlevingsvermogen).[11] Uit het feit dat de zenuwstelsels van gewervelde dieren (inclusief mensen) homoloog zijn en dat het gedrag van dieren in bepaalde situaties vergelijkbaar is met het gedrag van mensen, volgt dat sommige dieren (met name vertebraten en in elk geval de zoogdieren) de subjectieve beleving met mensen gemeen hebben.

Het is merkwaardig dat dit reeds erkend wordt in de Belgische wet van 18 oktober 1991. Die wet bevat de goedgekeurde Europese overeenkomst over de bescherming van gewervelde dieren die voor experimentele en andere wetenschappelijke doeleinden worden gebruikt. Ook in het Koninklijk besluit van 14 november 1993 betreffende de bescherming van proefdieren erkent de Belgische wetgever dat de mens "de morele plicht heeft alle dieren te respecteren en voldoende rekening te houden met het feit dat *zij pijn kunnen lijden* en een *herinneringsvermogen* bezitten". Vergelijkbare ideeën vindt men in de Nederlandse Gezondheids- en welzijnswet voor dieren, die door het Nederlandse Parlement in 1992 werd aangenomen. Elf jaar voordien was er in Nederland reeds sprake van de notie 'intrinsieke waarde', namelijk in de belangrijke nota *Rijksoverheid en dierenbescherming* (1981).

Het wordt niet ontkend dat de mens cognitief verder geëvolueerd is dan andere diersoorten, maar wel wordt ontkend (tegen de eerste, antropocentrische visie in) dat men daaruit mag besluiten dat mensen in ethisch opzicht relevanter zijn dan niet-mensen. Of anders gezegd, het 'méér kunnen' van mensen mag niet leiden tot de conclusie dat alleen mensen iets waard zijn en dus waardering verdienen. Trouwens, onder mensen is het ook ethisch onaanvaardbaar om secundaire eigenschappen (huidskleur, intelligentie, lichaamslengte, fysieke beperkingen) te beschouwen als moreel relevante factoren. De menselijke waardigheid wordt niet afgeleid uit reële menselijke mogelijkheden. Mensen zijn beter in talen en wiskunde maar apen kunnen beter in bomen klimmen. Is het niet willekeurig om intellectuele vermogens hoger in te schatten dan fysieke? Zoöcentristen menen dat ook pijngevoelige dieren recht op leven, op bescherming en vooral op een diervriendelijke behandeling hebben. Bovendien pleiten ze voor directe plichten.[12] Afhankelijk van de graad van zoöcentrisme (van gematigd tot sterk) is men gekant tegen bio-industrie en (industriële) vleesproductie, en verkiest men vegetarisch of zelfs veganistisch te leven of is men tegen langdurige veetransporten, de productie van vette ganzenlever (*foie gras*), (privé)-dierentuinen, (straat)paardenkoersen en (sommige of alle) dierproeven. Het zoöcentrische standpunt stelt dat dieren geen 'dingen' zijn waarmee mensen kunnen doen wat ze willen. Uitgesproken zoöcentristen weigeren elke vorm van instrumentalisering van dieren. Zij zullen genetische modificatie van dieren, intensieve veehouderij of dierexperimenten radicaal afwijzen om de simpele reden dat *'all animals are equal'*.[13]

Net zomin als je mensen mag discrimineren op basis van hun nutswaarde, mag je dieren discrimineren en bijvoorbeeld doden omdat ze economisch overbodig zijn (paarden die te oud zijn; kippen die niet meer productief genoeg zijn) of dieren indelen in nuttige dieren

[11] P. Carruthers, *The Animals Issue. Moral Theory in Practice*. Cambridge University Press, Cambridge 1992, p. 189 e.v.; P. Cavalieri & P. Singer, *The Great Ape Project. Equality beyond Humanity?* London 1993, pp. 10-18, 58-77; M. Stamp Dawkins, *Through Our Eyes Only? The Search for Animal Consciousness*. Oxford University Press, Oxford 1993.

[12] B.E. Rollin, *Animal Rights and Moral Bases of Animal Rights*. In H. Miller & W. Williams (Eds.) *Ethics and Animals*, Clifton (N.J.) 1983, p. 109.

[13] T. Regan, The Moral Basis of Vegetarianism. *Canadian Journal of Philosophy* 5 (1975) 185 e.v.; P. Singer, All Animals are Equal. *Philosophical Exchange* 1 (1974) nr. 5, herdrukt in T. Regan & P. Singer (Eds.) *Animal Rights and Human Obligations*. Englewood Cliffs 1976, p. 150 e.v.

en te bestrijden ongedierte. Waar de utilitaristen à la Singer nog enige ruimte voor discussie laten, is het duidelijk dat de verdedigers van dierenrechten à la Regan (die als reden voor het morele belang van dieren ruimer kijken dan *sentiency*) vanuit hun deontologisch denkkader elke vorm van proportionalisme afwijzen. Aan dieren komt zijnswaarde toe en dus een onbetwistbaar recht op leven. In zijn basisstandpunt verdisconteert Regan een 'gelijkheid van soorten' (*species equality*) die vraagt om 'gelijke morele consideratie' (*equal moral consideration*), wat overigens niet altijd een 'gelijke behandeling' (*equal treatment*) hoeft te impliceren. Omdat dieren nooit instrumenteel mogen worden gebruikt, is het doden van dieren in elk geval nooit aanvaardbaar. Utilitaristen als Singer aanvaarden nog proportionele redenen en zijn bereid afwegingen tussen belangen van mensen en dieren te aanvaarden. Omwille van zwaarwichtige redenen mogen de gezondheid en het welzijn van dieren soms worden geschaad.

Niet-schaden (*non-maleficence)* en weldoen (*beneficence*)

Door de pluralisering van de samenleving verliest het sterke antropocentrische gedachtegoed invloed. We gaan ervan uit dat de meeste mensen momenteel aanvaarden dat dieren morele objecten zijn, dus voorwerp zijn van morele zorg. Dit impliceert dat we in het menselijk handelen ten aanzien van dieren minstens twee morele principes moeten toepassen, namelijk het principe van weldoen (*benificence*) en het principe van niet-schaden (*non-maleficence*).[14] Wat houdt dit in?

Mensen die met dieren omgaan zijn er verantwoordelijk voor dat die dieren zoveel mogelijk positieve ervaringen opdoen (principe van weldoen). Door domesticatie zijn dieren wellicht niet meer in staat om een eigen leven te leiden maar dan toch dient men ervoor te zorgen dat dieren een goed leven leiden. Ze kunnen dat pas in een omgeving die hen een zo prettig mogelijk verblijf garandeert. Er moeten zeer goede redenen zijn om dit na te laten. Vanuit dit principe dient er aandacht te zijn voor de kwaliteit van huisvestingssystemen, het zo humaan mogelijk slachten of diervriendelijke transporten. Dat hoeft intelligente mechanisering niet uit te sluiten. Bijvoorbeeld, bepaalde vangmachines bij vleeskuikens leiden tot minder sterfte en minder letsels dan wanneer de kippen met de hand worden gevangen.

Veehouderijsystemen mogen geen schade toebrengen aan de gezondheid en het welzijn van de dieren (principe van niet-schaden). Dieren vermijdbare pijn berokkenen is net zo verkeerd als mensen moedwillig letsels toebrengen. Als transport- of houderijsystemen direct lijden veroorzaken en dus het welzijn van dieren in gevaar brengen, dan moeten er zeer sterke argumenten zijn om het toch toe te laten. Hetzelfde geldt overigens voor dierproeven. Het moet in elk geval gaan om 'serieuze' (bij voorkeur medische of diergeneeskundige) belangen. In een gematigd antropocentrische benadering zal men aanvaarden dat dieren schade wordt toegebracht om meer welzijn voor mensen tot stand te brengen, zeker wanneer het gaat om fundamentele belangen van mensen, zoals de bestrijding van ernstige ziekten. Hier valt op dat mensen een andere morele status hebben dan dieren. Wanneer er sprake is van 'ongerief' voor dieren, dan is dit slechts aanvaardbaar in de mate dat er serieuze menselijke (of dierlijke) belangen tegenover staan. Het is dus niet meer acceptabel om dieren te doden om mensen de gelegenheid te bieden om bont dragen; ook proefdiergebruik voor cosmeticatesten is niet langer aanvaardbaar. Blijft natuurlijk de

[14] Brom, noot 1, p. 148 e.v.

moeilijk meetbare vraag: wat is aanvaardbaar en wat niet? Geldt vleesconsumptie als een voldoende (proportionele) reden om het doden van dieren te rechtvaardigen? Kan minder vlees eten ook gezien worden als een proportioneel verantwoorde handelingsmogelijkheid? Hoe meet en evalueert men de pijn van dieren bij het slachten? Welke technieken zijn ondraaglijk/draaglijk, onaangenaam/nog acceptabel voor het dier? Kiest men voor methoden die minimaal dierenleed veroorzaken? Een radicale zoöcentrist zal aan dit wikken en wegen geen boodschap hebben. Hij/zij zal zonder meer gekant zijn tegen het instrumenteel gebruik van dieren en überhaupt tegen het slachten of tegen vleesconsumptie.

'Humaan' slachten?

Reeds lang is er discussie rond de toelaatbaarheid van rituele slachting van zowel joden als moslims. In tegenstelling tot het rituele slachten bij moslims (halâl) en joden (koosjer) is bij het klassieke slachten van landbouwhuisdieren voor vleesconsumptie voorafgaande bedwelming verplicht. Het bedwelmd doden van dieren beschouwt men als 'humaan' doden. Westerse overheden hebben bedwelming bij het doden van landbouwhuisdieren omwille van welzijnsoverwegingen verplicht gesteld (W1986-08-14/34; Richtlijn 93/199/EG, maar ook vroeger). Hiermee heeft men het denken van Thomas en Kant toegepast (indirecte plichten ten opzichte van dieren). Ritueel slachten wordt door sommigen echter als 'humaner' beschouwd dan doden na bedwelming.[15] Voor slachting volgens deze rituele voorschriften zijn er in alle West-Europese landen, waaronder de Belgische, wettelijke uitzonderingen voorzien (KB1998016020, KB1998032531).[16]

Bij bedwelming treedt - voor zover men kan spreken van bewustzijn - bewustzijnsverlies of insensibilisatie op. Volgens sommigen is dit 'bijna doden', volgens anderen is het veeleer 'verzorgen'; het dier voelt niets meer bij het slachten, de hersenen reageren niet meer op prikkels van buitenaf. Er treedt dus geen welzijnsschade op. Het respect voor het dier en het leven ligt bij het rituele slachten veeleer in het rituele element - met daarbij bepaalde overwegingen en bepalingen om stress bij dieren te vermijden - terwijl in de westerse cultuur dit respect gekoppeld is aan het vermijden van pijn bij de dieren bij het slachten.[17]

De principes om eenvoudig na te gaan of gevoelloosheid is ingetreden (na bedwelming) lijken bij alle vertebraten dezelfde te zijn.[18] Vocalisatie is een vrij evidente uitdrukking van pijn en zou dus op geen enkel moment mogen optreden. Men kan het best (en het meest eenvoudig) de gevoelloosheid controleren wanneer het dier aan de slachtketting hangt. Trap- en stootreflexen kunnen nog optreden maar de kop moet slap hangen, net als de tong. Het dier mag geen aanstalten maken om zijn kop op te heffen, er mag geen ritmische

---

[15] A.M. Brisebarre, Sacrifice et abattage rituels musulmans: comportements et représentations en milieu urbain en France et au Maroc. In: A.P. Ouedraogo & P. le Neindre (Eds.) *L'homme et l'animal: un débat de société.* INRA, Paris 1999, pp. 189-206.

[16] In België wordt, in tegenstelling tot Nederland, in de praktijk zelden 'bedwelming' gebruikt, maar wel 'verdoving'. Toch spreekt ook de Belgische wetgever over 'bedwelming'. In feite is 'bedwelming' een correctere term want het is de bedoeling de dieren buiten bewustzijn te brengen voor het slachten en niet om hen enkel ongevoelig te maken voor pijn, zoals kan begrepen worden uit de term 'verdoving'.

[17] M.L. Cortesi, Slaughterhouses and Humane Treatment. *Revue Scientifique et Technique* 1 (1994) 171-193.

[18] T. Grandin, Euthanasia and Slaughter of Livestock. *Journal of American Veterinary Medical Association* 204 (1994) 1354-1360; Idem, How to Determine Insensibility? (geraadpleegd op 6 oktober 2002) (http://www.grandin.com/humane/insensibility.html).

ademhaling meer zijn en er mogen geen oogreflexen optreden als reactie op aanraking. Met de ogen knipperen is een teken van onvoldoende bedwelming, maar naar adem snakken kan; dit is een teken dat de hersenen afsterven.

Een belangrijke vraag is: welke argumenten hadden de nationale en Europese overheden om bedwelming bij het slachten te verplichten? Dacht men in de eerste plaats aan het vermijden van stress met het oog op het behoud van de kwaliteit en een goede bewaringscapaciteit van het vlees (antropocentrisch argument)?[19] Wilde men de zichtbaarheid van het lijden voor de betrokkenen vermijden via paralysis of verlamming (antropocentrisch argument) en aldus 'humaner' doden? Wilde men via bedwelming de veiligheid van de betrokken werknemers optimaal garanderen (antropocentrisch argument) of wilde men het lijden bij dieren onderdrukken (niet-antropocentrisch argument)? De drie eerste vragen illustreren uitstekend de voornaamste implicaties van het Kantiaanse denken inzake dierenleed (zichtbaarheid voor mensen vermijden, verlies van kwaliteit vermijden, het lijden bij dieren verzachten om zelf niet als bruut afgeschilderd te worden, veiligheid van de betrokkenen).[20]

Wie gematigd antropocentrisch denkt over het slachten zal het zeker eens zijn met het standpunt dat 'stress' bij het gehele slachtproces zoveel mogelijk dient vermeden te worden, zowel voor de dieren zelf, voor de veiligheid en de 'moraliteit' van de betrokken personen, als voor de kwaliteit en de bewaringscapaciteit van het vlees. Bijna alle studies die gepubliceerd zijn over het vermijden van stress bij het slachtproces zijn vanuit dit perspectief geschreven. Vooral de repercussies van stress bij het slachten op de vleeskwaliteit blijkt vaak de aanleiding te zijn.

Slachten?

Bij de boven vermelde studies besteedt men vooral aandacht aan de identificatie van stress op basis van aanwijsbare, tastbare oorzaken. Is er echter altijd een tastbare oorzaak van stress? Zijn dieren zich bijvoorbeeld op de een of andere manier bewust van de nakende dood via bepaalde signalen, zoals beelden, geluiden, geuren? Totnogtoe is er weinig onderzoek verricht naar het verwachtingspatroon van landbouwhuisdieren juist voor het slachten.[21] Bovendien is het de vraag hoe men dit experimenteel kan benaderen want het antwoord kan noch door analogie noch door introspectie gekend worden. Is er een 'bijna-dood-ervaring'? Geven de omstandigheden voor het slachten in het slachthuis stress die

[19] Ter illustratie: A.B.M. Raj, R.I. Richardson, L.J. Wilkins & S.B. Wotton, Carcass and Meat Quality in Ducks Killed with either Gas Mixtures or an Electric Current under Commercial Processing Conditions. *British Poultry Science* 39 (1998) 404-407; H. Remignon, A.D. Mills, D. Guemene, V. Desrosiers, M. Garreau-Mills & M. Marche, Meat Quality Traits and Muscle Characteristics in High or Low Fear Lines of Japanese Quails (Coturnix japonica) subjected to acute stress. *British Poultry Science* 39 (1998) 372-378; J.L. Ruiz de la Torre, A. Velarde, A. Diestre, M. Gispert, S.J. Hall, D.M. Broom & X. Manteca, Effects of Vehicle Movements during Transport on the Stress Responses and Meat Quality of Sheep. *The Veterinary Record* 148 (2001) 227-229; P.G. van der Wal, Chemical and Physiological Aspects of Pig Stunning in Relation to Meat Quality. A review. *Meat Science* 2 (1978) 19-30; R. Warrington, Electrical Stunning. A review of the literature. *Veterinary Bulletin* 44 (1974) 617-633.

[20] P.A. Koolmees, Bedwelmingsmethoden in Nederlandse slachterijen omstreeks 1900, in *Argos* (Speciale uitgave, Utrecht juni 1991) 61-74, aldaar 69.

[21] Uitzonderingen hierop zijn de volgende onderzoeken: M.H. Anil, J. Preston, J.L. McKinstry, R.G. Rodway & S.N. Brown, An Assessment of Stress Caused in Sheep by Watching Slaughter of Other Sheep. *Animal Welfare* 5 (1996) 435-441; M.H. Anil, J.L. McKinstry, M. Field & R.G. Rodway, Lack of Evidence for Stress Being Caused to Pigs by Witnessing the Slaughter of Conspecifics. *Animal Welfare* 6 (1997) 3-8.

vergelijkbaar is met de stress die veroorzaakt wordt door bepaalde niet-levensbedreigende situaties (zoals transport, vaccinatie, castratie, isolatie of verhokking)? Zorgt het slachten zelf voor extra stress? Acute stress induceert veeleer een alarmreactie (fear-fright-fight-flight) wat veranderingen op korte termijn impliceert (gedrag, hartslag, vasoconstrictie, etc.). Chronische stress daarentegen zal het algemeen adaptatiesyndroom induceren wat meer aanpassingen op lange termijn zoals veranderingen in het immuunsysteem of repetitief gedrag omvat.[22] Of slachtsituaties leiden tot acute stress is ten zeerste verbonden met de vraag of de nakende dood wordt gecommuniceerd en of dieren daar enig besef van hebben.[23] Kan men dit besef onderscheiden van de gangbare stress wanneer men in nieuwe omstandigheden wordt geplaatst? Waar liggen de specifieke stressmomenten in het slachtproces en waarom? Wat zijn de parameters waarop men moet letten om stress in het slachthuis te meten? Volstaat het om gedragsparameters (bijvoorbeeld vocalisatie, trapbewegingen, urineren en defeceren) en fysiologische parameters (bijvoorbeeld hormonale parameters zoals adrenaline en noradrenaline, glucocorticoïden (cortisol/corticosteron), (-endorfine of hartslag en hersenactiviteit gecorreleerd met het stressniveau in het dier) te volgen? Is dit gelijklopend voor klassieke slachting en voor rituele slachting? Men is het nog verre van eens over het antwoord op al deze vragen.

Bovendien is het interessant vast te stellen dat gedragingen die men bij dieren tijdens het slachtproces waarneemt, zowel door pijn als door angst veroorzaakt kunnen zijn. Angst en pijn zijn twee verschillende processen die door verschillende neurologische circuits in de hersenen worden gemedieerd. Angst wordt vooral via subcorticale weefsels (zoals de amygdala) gevoeld, terwijl voor het voelen van pijn hogere hersenweefsels (met name de prefrontale cortex) nodig zijn (tenzij voor bepaalde pijnreflexen). Angst is een veel primitievere emotie dan het gevoel van pijn en het is dus ook niet evident dat alle dieren evenveel pijn kunnen voelen, want niet alle dieren hebben een even goed ontwikkelde prefrontale cortex. Het blijkt ook zo te zijn dat angst in vele gevallen een gevoel van pijn kan onderdrukken en dus ook het gedrag dat hiermee geassocieerd is.[24]

Singer verwijst naar deze mogelijkheid. Hij doet hiervoor een beroep op de mogelijkheid van sommige dieren om hun toekomst te voorzien. Met name dieren die weten dat ze zullen worden gedood, hebben er belang bij om niet gedood te worden. Het betreft volgens Singer wezens die door John Locke personen worden genoemd. Personen zijn voor Locke intelligente wezens die verstandig en reflexief zijn en beschikken over een zeker zelfbewustzijn. Zoals bekend maakt Singer een onderscheid tussen mensen en personen. Er zijn mensen die geen personen zijn (comapatiënten) en personen die geen mensen zijn (zelfbewuste zoogdieren). Of men dieren personele waarde mag toekennen en dus als quasi-personen mag kwalificeren is een vraag die volgens Singer niet gemakkelijk te beantwoorden is, maar hij geeft dieren het voordeel van de twijfel. Er zijn natuurlijk vele dieren die wel bewust en gevoelig zijn maar geen besef hebben van hun eigen toekomst. Of men deze dieren pijnloos mag doden, hangt af van het type utilitarisme dat men kiest. In *Practical Ethics* beschrijft hij hoe het eenmalige genotsmoment van het eten van vlees van

[22] T. Grandin, Assessment of Stress During Handling and Transport. *Journal of Animal Science* 75 (1997) 249-257.

[23] R. Spaemann, *Glück und Wohlwollen. Versuch über Ethik*, Stuttgart, Klett-Cotta, 1989, p. 155: 'Das Tier selbst hat keine Biographie, und auf die Länge oder Kürze seines Lebens kommt es nicht an'.

[24] T. Grandin & M. Deesing, *Distress in Animals; is it fear, pain or physical stress?* American Board of Veterinary Practitioners, Symposium May 17, 2002.

zelfbewuste dieren door mensen niet opweegt tegen de genotservaringen die zelfbewuste dieren nog zouden kunnen opdoen indien ze niet voortijdig geslacht werden.[25] Zelf verdedigt hij het standpunt dat enkel dieren die beschikken over een zelfbewustzijn aanspraak kunnen maken op een '*prima facie*' recht op leven. Zij hebben er belang bij om hun leven voort te zetten. Voor wie dit zelfbewustzijn mist, is de dood het einde van de ervaringen. Niet-zelfbewuste wezens hebben de wens niet om verder te leven. Zij kunnen evengoed vervangen worden door een nieuw wezen dat geboren wordt.

Verder onderzoek ter zake moet duidelijkheid verschaffen over de mogelijke gevolgen voor het slachten en technieken van slachten, bedwelmen, behandelen van dieren voor het slachten, in de veronderstelling uiteraard dat we nog bereid zijn te spreken over 'humaan' slachten. Kunnen we ons nog beperken tot technieken of handelingen die stress wegnemen alleen uit een oogpunt van vleeskwaliteit? Of moeten we uit het onderzoek ook afleiden dat dieren weet hebben van wat hen te wachten staat en dus een zeker besef hebben van de dood die hen wacht? Moeten we met deze doodsverwachting - als onderzoek dit zou uitwijzen - of levensbedreiging rekening houden en vanuit dierenwelzijnsoverwegingen kiezen voor slachtmethoden die de naderende dood verdoezelen of dieren afleiden van wat hen te wachten staat?

Deze vragen leiden uiteindelijk tot de cruciale vraag: indien dieren die beschikken over een centraal zenuwstelsel, enig begrip hebben van *'was war, und von dem, was sein wird'*, kunnen we hen überhaupt nog slachten voor consumptie? Als er sprake zou zijn van een zekere doodsverwachting, kan er dan nog wel sprake zijn van een ethisch verantwoorde en diervriendelijke wijze van slachten ('humaan' slachten of mens- en diervriendelijk doden) en zou men dan niet moeten afzien van het massaal slachten van dieren? Of rechtvaardigt een hogere waarde, bijvoorbeeld de noodzaak van de mens om te eten (en te eten wat hij/zij wenst; consumentenpreferenties zijn subjectief!), de noodzaak om te slachten, zelfs als dieren een zekere toekomstverwachting zouden hebben? Kan het eten van vlees beschouwd worden als een voldoende proportionele reden? Een antropocentrist zal hier positief op antwoorden. Iemand die zoöcentrisch denkt zal negatief antwoorden.

Als dieren enkel leven in het nu, als ze geen verwachtingspatroon zouden hebben, zelfs niet over de nabije toekomst, dan is er denken we geen noodzaak aan verdere reflectie over de morele toelaatbaarheid van het slachten. Er dient dan enkel aandacht besteed aan een verdere specificering van een 'humane' wijze van slachten. Als de duur van hun leven geen enkele rol speelt, dan is het bij het slachten alleen maar nodig zoveel mogelijk stress te vermijden omwille van de impact op de karkas- en vleeskwaliteit, omwille van dierenwelzijnsaspecten ('onnodige kwelling vermijden') en omwille van de veiligheid van de betrokken arbeiders in het slachthuis zelf. Bovendien is er nog steeds het traditionele moraliteitsargument dat zegt dat mensen dieren niet onnodig moeten laten lijden om zelf niet als beul afgeschilderd te worden.

'Humaan' slachten: met of zonder bedwelming?

De notie 'humaan doden' is bovendien ook problematisch wanneer men het intercultureel bekijkt. In andere culturen is men overtuigd dat het direct verbloeden zonder voorafgaande bedwelming (elektrisch of met koolstofdioxide) zelfs meer 'humaan' en minder

[25] P. Singer, *Praktische Ethik*. Philipp Reclam jun., Stuttgart 1984, pp. 136-143 (vert. van *Practical Ethics*. Cambridge University Press, Cambridge 1979).

dieronvriendelijk is dan het doden na voorafgaande bedwelming Dit is bijvoorbeeld het geval bij het religieuze of het rituele slachten van dieren. Over het algemeen is zowel bij het rituele slachten van moslims (*halâl*) als bij joden (*koosjer*) bedwelming van dieren verboden.[26] In zowel de joodse als de islamitische cultuur bestaan er religieuze voorschriften in verband met het slachten van dieren (*shechita*, respectievelijk *dabh*). Deze voorschriften zijn deels gebaseerd op de thora of de koran, maar ook op tradities en interpretaties van desbetreffende religieuze teksten. Enkel vlees dat verkregen wordt met inachtname van deze voorschriften kan *koosjer* of *halâl* genoemd worden. Bij het slachten in de joodse cultuur is bedwelming van dieren altijd verboden, terwijl dit onder bepaalde vormen door sommige moslimautoriteiten wel wordt toegestaan. In Nieuw-Zeeland bijvoorbeeld is het zelfs verboden voor moslims om zonder bedwelming te slachten, terwijl de wetgever het wel toelaat voor joden.[27] Dit komt omdat reversibele bedwelming niet expliciet verboden is in de islamitische voorschriften (*dabh*). Volgens de joodse religieuze wet moet de slachting gebeuren door een daarvoor speciaal opgeleide persoon (*shochet*) terwijl in de moslimcultuur iedereen, indien nodig zelfs een christen of jood, een dier mag slachten.

Respect voor het dier en het leven in het algemeen ligt in beide culturen veeleer in het rituele element, terwijl het Westen dit respect quasi-exclusief koppelt aan het niet-pijnhebben van dieren bij het slachten. Welke argumenten gebruiken moslims en joden om deze praktijk te legitimeren en zelfs te beschouwen als 'humaner' dan het doden na voorafgaande bedwelming?[28] Is het ethisch verantwoord om dieren zonder bedwelming te slachten, zelfs als het ritueel slachten betreft? In toenemende mate stelt men zich vragen omtrent de wettelijke uitzonderingen op het verplicht onder bedwelming slachten die aan religieuze gemeenschappen in het verleden zijn toegestaan.[29]

Hoewel de literatuur schaars is, is het duidelijk dat ook joodse en islamitische voorschriften aandacht hebben voor het welzijn van dieren. Bij de joden bijvoorbeeld moet men onder andere steeds de halssnede toepassen met een vlijmscherp mes zonder oneffenheden en met één haal de twee halsslagaders, de luchtpijp en de slokdarm oversnijden en dat zonder de kop van het lichaam te scheiden. Omdat bloed mag niet worden gegeten, moet men het dier zoveel mogelijk laten leegbloeden.[30]

Er bestaan allerlei manieren waarop het dier geïmmobiliseerd wordt voordat het geslacht wordt. De hoeveelheid stress die het dier ervaart, is hiervan sterk afhankelijk. Als het dier omgekeerd gehouden wordt, ervaart het heel wat stress en zal het zich ook feller verzetten tegen de incisie.[31] Ook het leegbloeden verloopt moeilijker. Om deze situatie te wijzigen werden er enkele nieuwe fixeringstoestellen ontwikkeld die het mogelijk maken het dier rechtopstaande te slachten. Dit zou tot gevolg hebben dat het dier zich zelfs minder verzet tegen de incisie dan bijvoorbeeld tegen het inbrengen van een oormerk. Kalme dieren zouden na de onbedwelmde slachting geen spasmen hebben, sneller ineenzakken en sneller bewusteloos raken dan opgewonden dieren. Ook hierover dient verder onderzoek uitsluitsel te geven.

[26] Brisebarre, noot 15.

[27] T. Grandin & J.M. Regenstein, Religious Slaughter and Animal Welfare: a discussion for meat scientists. *Meat Focus International* (March 1994) 115-123.

[28] Zie ook: S. Pouillade-Bardon, *L'abattage rituel en France*. Diss. doct., Toulouse 1992.

[29] K. Raes, Godsdienstvrijheid en dierenleed: slachten door middel van de halssnede tussen levensbeschouwelijke tolerantie en ethische verantwoording. *Ethiek en maatschappij* 1 (1998) 89-102.

[30] Uitvoerige informatie hierover kan men vinden in Koolmees, noot 6, pp. 237-238.

[31] C.S. Dunn, Stress Reactions of Cattle Undergoing Ritual Slaughter Using Two Methods of Restraint. *Veterinary Record* 126 (1990) 522-525.

Besluit

In de ethische discussie over het doden van landbouwhuisdieren dient men twee zaken te onderscheiden, namelijk de ethische discussie over het slachten zelf en in tweede instantie het debat over de wijze van slachten. De voornaamste vraag blijft: is het geoorloofd om dieren te doden? Indien men hier positief op antwoordt, dan volgen twee andere belangrijke vragen: welke redenen vinden wij geoorloofd (vleesconsumptie, overlast, etc)? Vinden wij het acceptabel om alle diersoorten te doden of maken we een onderscheid tussen meer en minder intelligente of pijngevoelige dieren?

Slechts als men het doden voor vleesconsumptie ethisch aanvaardbaar acht, komt de tweede grote discussie ter sprake, nl. de wijze van doden. Om verschillende redenen wordt gepleit voor 'humaan' doden. Onder 'humaan' doden verstaan we dat het doden van dieren slechts moreel aanvaardbaar wordt geacht als de dieren op een mens- en diervriendelijke wijze gedood worden. Diervriendelijk slachten lijkt tegenstrijdig, maar is het niet. Of we het beschouwen als een indirecte plicht of als een directe plicht, de concrete implicaties van wat het betekent 'humaan' te doden zijn voor interpretatie en wijziging vatbaar. Met name de vraag of (sommige) dieren ook geen besef hebben van de nakende dood dient verder onderzocht.

Wat doen we met ritueel slachten? Ritueel slachten zit in het spanningsveld tussen godsdienstvrijheid en dierenleed. Levensbeschouwelijke tolerantie vraagt respect voor rituele praktijken. Anderzijds is er de ethische verantwoording. Kan onbedwelmd slachten beschouwd worden als een vorm van 'humaan' doden?[32] Als (sommige) dieren inderdaad zouden beseffen wat hen te wachten staat, dan wordt het moeilijker om vol te houden dat onbedwelmd slachten ethisch verantwoord is en voldoende rekening houdt met het dierenwelzijn.

[32] Koolmees, noot 6 , pp. 252-257; Idem, noot 20, pp. 68-69.

Over de dood van het dier en het recht

Prof. mr. D. Boon, hoogleraar Dier en recht, Universiteit Utrecht

Inleiding

In Nederland worden ongeveer 160 miljoen dieren gehouden, vissen niet meegerekend. Dat betekent tien dieren op elke Nederlander. In Nederland gaan 600 miljoen dieren jaarlijks dood door toedoen van mensen, te beginnen bij de grootte van een kikker; muizen en ratten in en om huis niet meegerekend.[1]

Tijdens een voorlichting over het werk van de leerstoel Dier en recht aan de deelnemers van de Hoofdafdeling Dier & Maatschappij werd laatst de vraag gesteld: 'Maar wat is de wetenschappelijkheid van deze leerstoel?' Het heeft zin om deze vraag in een gezelschap van overwegend niet-juristen ook eerst aan de orde te stellen. Daardoor komt het vervolg van dit verhaal in een scherper daglicht te staan.

Recht is bovenal een constructie van instrumenten en regels gemaakt door mensen, bedoeld voor mensen, bedoeld vooral om het samenleven tussen mensen zo effectief en doelmatig mogelijk te laten verlopen. Recht is alleen maar van betekenis in een samenleving. Zonder samenleven blijft het recht dor en doods, opgesloten in zichzelf. Recht verandert - past zich aan - aan de veranderingen binnen de samenleving.

Het recht is oud. Een belangrijk deel dateert uit de Romeinse tijd. Dat Romeinse recht is in Europa successievelijk overgenomen vanaf de 13e, 14e en in Nederland vanaf de 15e eeuw. Er zijn in Nederland meer dan 50.000 wettelijke regelingen van kracht en dan bedoel ik niet afzonderlijke regels, maar min of meer complexe constructies van recht. De laatste honderd jaar is de samenleving volledig gejuridificeerd. Dat betekent dat samenleven niet meer mogelijk is zonder dat er vele wettelijke regelingen op van toepassing zijn.

De wetenschappelijkheid van de rechtsbeoefening hangt vooral samen met het beoordelen van de effecten en de doelmatigheid van de regelgeving, de uitvoering en handhaving daarvan en het rechtspreken ten aanzien van deze regelgeving. De goede, wetenschappelijk georiënteerde jurist kent de geschiedenis van de regelgeving, kan de regelgeving plaatsen binnen de context van aangrenzend recht, weet hoe de regelgeving in de praktijk wordt uitgevoerd en gehandhaafd, kent de rechtspraak over de regelgeving en kan de uitwerking daarvan duiden. In het recht is in elk geval 'meten' niet gelijk aan 'weten'. In zoverre ontbeert de rechtswetenschap methoden en technieken die in andere disciplines vanzelfsprekend zijn.

Over de wetenschappelijkheid van de rechtsgeleerdheid zijn vele boeken volgeschreven. Toch zijn die niet alle even bruikbaar, vooral indien praktische problemen

[1] Cijfers zijn verzameld en gecategoriseerd naar diersoort door de leerstoel Dier en recht door gebruikmaking van zo veel mogelijk bronnen. Voor productiedieren vooral het Centraal Bureau voor de Statistiek, het Landbouw-economisch instituut en de product- en bedrijfsschappen; voor gezelschapsdieren vooral de branche-organisatie en instellingen zoals dierentuinen en gemeenten; voor proefdieren wordt gebruik gemaakt van de jaarlijkse publicatie van het Ministerie van Volksgezondheid, Welzijn en Sport, de Keuringsdienst van Waren 'Zo Doende' 1978 t/m 2001; over aantallen dieren in de vrije omgeving en schadelijke dieren zijn eveneens gegevens verzameld uit de statistieken en bij uiteenlopende instellingen. Datzelfde geldt voor de aantallen dieren die jaarlijks in Nederland doodgaan door menselijk toedoen: ruim 500 miljoen dieren worden geslacht waarvan 450 miljoen vleeskuikens. Alle cijfers zijn samengebracht en toegelicht in het rapport *De Grote Crisis, Nederlanders en hun dieren*, leerstoel Dier en recht, Utrecht.

tot een oplossing moeten worden gebracht, zoals het ontwikkelen van een goede wettelijke regeling voor de bescherming van dieren die worden gedood.

De leerstoel Dier en recht wil weten hoe mensen met dieren omgaan in Nederland, welke invloed mensen in Nederland uitoefenen op dieren en welk recht daarop van toepassing is. Met dat deze vragen zijn beantwoord kan beoordeeld worden hoe het recht in de praktijk functioneert, wat zijn effectiviteit en zijn doelmatigheid zijn. Vooral op die laatste twee terreinen is de leerstoel werkzaam.

20.000 garnalen of één olifant?

Ik geef een voorbeeld over het thema van de studiedag voor het doden van dieren. Stel: Voor een garnalencocktail hebben wij 100 garnalen nodig. Een Afrikaanse olifant levert 3.000 kilo vlees. In porties van anderhalf ons kunnen wij 20.000 stukjes vlees uit een olifant halen. Voor 20.000 garnalencocktails zijn twee miljoen garnalen nodig. Kan het recht antwoord geven op de vraag of het meer of minder toelaatbaar is om twee miljoen garnalen te doden dan één olifant, om de hedonistische buikjes te vullen van 20.000 lekkerbekken? Om antwoord te geven op deze vraag zijn vele exercities noodzakelijk. Ik maak er een aantal.

Regels voor het doden van dieren

Er bestaat sinds 1997, in het kader van artikel 44 van de Gezondheids- en Welzijnswet voor Dieren, een regeling die inhoudt hoe dieren moeten worden gedood. Dat is het Besluit doden van dieren van 16 mei 1997.[2] De regeling heeft betrekking op zoogdieren, reptielen, amfibieën en vogels, maar niet op vissen. De regeling heeft geen betrekking op het slachten volgens de Israëlitische of islamitische ritus, op dierexperimenten en op het doden van vrij wild. Er worden bekwaamheidseisen gesteld aan de doder van dieren, terwijl opwinding, pijn of elk vermijdbaar lijden de dieren bespaard moet worden. Voorts geeft het besluit bepalingen over het slachten en doden van productiedieren in slachthuizen en daarbuiten. Het is een beknopte regeling, hoewel haar inhoud niet eenvoudig te doorgronden is. Er zijn geen regels voor het tegengaan van tussentijdse uitval van - vooral - productiedieren: vijf miljoen van de jaarlijks 30 miljoen varkens die in Nederland geboren worden, of het grote aantal kuikens dat verdorst omdat zij de drinknippel niet leren gebruiken.[3] Er zijn evenmin regels over de wijzen waarop nooddodingen moeten worden uitgevoerd.

Zijn er ook regels gegeven òf dieren mogen òf zelfs moeten worden gedood? Dergelijke regelingen zijn er, echter zij zijn verre van compleet. Voor de productiedieren wordt het krachtens de Europese regelgeving expliciet toegestaan om deze te doden. Zo is er een Europese richtlijn uit 1974 ‘On the stunning of animals before slaughter’.[4] Uit 1979 dateert een regeling van de Raad van Europa: ‘Convention for the protection of animals for slaughter’.[5] Voorts is er de Beschikking van de Europese Unie ‘On the conclusions of the convention for the protection of animals for slaughter’.[6] En uit 1993, opnieuw een

[2] Besluit van 16 mei 1997; *Staatsblad* 1997/235.

[3] M.A.M. Taverne, Ontsluiting van verborgen ontwikkelingen. Oratie uitgesproken op 12 maart 1998; Utrecht, 1998.

[4] EEG-Richtlijn 74/577 van 18 november 1974; *Publicatieblad Europese Gemeenschap*, L. 316.

[5] Convention van de Raad van Europa van 10 mei 1979; *Tractatenblad* 1981/76

[6] EEG-Beschikking 88/306 van 16 mei 1988; *Publicatieblad Europese Gemeenschap*, L. 137.

beschikking, 'On the protection of animals at the time of slaughter or killing.'[7] Het slachten als zodanig is binnen de Europese Unie geregeld. Voorts bestaat er krachtens artikel 44 van de Gezondheids- en Welzijnswet voor Dieren een regeling voor het slachten van productiedieren - runderen, schapen en geiten - volgens de Israëlitische en islamitische ritus.[8] De gedachte achter deze regeling is dat de wetgever het - onverdoofd - slachten volgens deze ritus strijdig vindt met de bescherming van het welzijn van dieren, echter de wetgever is op basis van de Grondwet bereid uitzonderingen toe te staan uit respect voor de godsdienstige overtuiging van joden en moslims.

Voor gezelschapsdieren en overige huisdieren bestaan geen regels of zij gedood mogen of moeten worden en onder welke omstandigheden.

Voor proefdieren geldt de Wet op de dierproeven die slechts één bepaling kent voor het doden van proefdieren.[9] Dat is artikel 13, vierde lid, dat voorschrijft dat, indien bij een proefdier ongerief na de proef blijft voortbestaan, het moet worden gedood. Ik heb dit altijd een heel vreemde bepaling gevonden. Het artikel lijkt clementie uit te drukken: beter een humane dood dan verder te leven met lijden. Maar waarom dient niet eerst onderzocht te worden of het dier kan herstellen van zijn ongerief, of het geheeld kan worden. Dat zou van het respect getuigen uitgedrukt in artikel 1a van de Wet op de dierproeven, waar is vastgelegd dat de erkenning van de intrinsieke waarde van het dier als uitgangspunt gehanteerd moet worden. Artikel 13, vierde lid, geeft mij altijd het gevoel dat het dier een wegwerpartikel is. Zodra het ook maar een beetje heeft geleden wordt het naar de vuilnisbak verwezen.

Voor het mogen doden van dieren in de natuur hebben van oudsher veel regels gegolden. Zo was het jagen in de Middeleeuwen voorbehouden aan de adel die het recht verworven had om te mogen jagen. Dat recht berustte bij de vorst die het aan trouwelingen over kon dragen. Niemand mocht jagen, behoudens de rechthebbende. Aan dit principe is sindsdien geen afbreuk gedaan, nog altijd is het aantal jachtgerechtigden heel beperkt. Zo'n 130 jaar is al sprake van een zekere bescherming van vogels. Het was in de 19e eeuw immers duidelijk geworden dat te weinig vogels in de natuur, die door intensieve bejaging nog waren overgebleven, tot gevolg hadden dat er insectenplagen ontstonden. Die waren weer schadelijk voor de land-, tuin- en bosbouw. Niet om aan de vogels bescherming te bieden, maar juist om de gewassenteelt te beschermen is de bescherming van dieren in de natuur op gang gekomen. Zo is er reeds bijna 100 jaar sprake van een algemeen verbod op het doden van vogels. Daar bestaan uiteraard weer uitzonderingen op, vooral in die gevallen dat vogels schade toebrengen aan menselijke bezittingen.[10]

Op 1 april 2002 is de Flora- en faunawet in werking getreden.[11] Daarin is nagenoeg de hele natuurbeschermingswetgeving ondergebracht, zij het dat zij in een nieuw jasje is gestoken. In deze wet is bepaald dat nog slechts op beperkte schaal mag worden gejaagd, waarbij tevens is vastgesteld welke vangmiddelen gebruikt mogen worden.

[7] EEG-Beschikking 93/119 van 22 december 1993; *Publicatieblad Europese Gemeenschap*, L. 340.

[8] Zie artikel 44, derde tot en met achtste lid, Gezondheids- en Welzijnswet voor Dieren (wet van 24 september 1992, *Staatsblad* 1992/585) en het Besluit ritueel slachten van 6 november 1996, *Staatsblad* 1996/573.

[9] Wet op de dierproeven van 12 januari 1977, *Staatsblad* 1977/67, gewijzigd bij wet van 12 september 1996, *Staatsblad* 1996/565.

[10] Zie bijvoorbeeld A.S. de Blecourt en H.F.W.D. Fischer, *Kort begrip van het Oud-vaderlands burgerlijk recht*. Groningen 1959; T. Lemaire, *Filosofie van het landschap*. Amsterdam 2002 (eerste druk 1970) en K. Davids, *Dieren en Nederlanders*. Matrijs, Utrecht 1989.

[11] Wet van 25 mei 1998; *Staatsblad* 1998/402, gewijzigd bij wet van 24 april 2002; *Staatsblad* 2002/236.

Dan blijft nog over de categorie schadelijke dieren. Over de vangmiddelen voor deze dieren is in de Bestrijdingsmiddelenwet uitdrukkelijk bepaald dat deze selectief dienen te zijn - met andere woorden zij mogen niet bedreigend zijn voor andere soorten dan de schadelijke die gevangen moeten worden. Ook dient rekening te worden gehouden met de wijze waarop het dodingsproces met giftige middelen zich voltrekt, waarbij de dieren zo weinig mogelijk in hun welzijn mogen worden benadeeld. Klemmen en vallen zijn in Nederland niet toegelaten, behoudens in uitzonderingsgevallen, zoals voor muskusratten, maar ook voor de huismuis en de bruine en zwarte rat.[12]

Ten slotte is er nog de regelgeving op plaatselijk niveau, dat zijn de zogenaamde algemene plaatselijke verordeningen, waarin ongetwijfeld nog regels zijn opgenomen voor de verplichte bestrijding van schadelijke dieren, en ook voor het onschadelijk maken van gevaarlijke dieren, zoals het dol geworden paard of de hond die meerdere schapen heeft doodgebeten.

Ik kan in dit overzicht een regeling over het hoofd hebben gezien, maar in hoofdlijnen is dit de oogst over de vraag of en in hoeverre dieren gedood mogen en moeten worden en welke beperkingen daaraan zijn gesteld.

Mensen doen alles met dieren wat hen goeddunkt

In dit stadium vraag ik mij nog niet af of de wetgeving over het doden van dieren voldoende is.

Vanuit een andere invalshoek stel ik vast dat mensen in dit land alles doen met dieren wat hun goeddunkt zonder gehinderd te worden door de geldende wetgeving.

Een slangenwandje in de woonkamer met een rattenkweekje op het balkon als voedsel voor de slangen? Leuk gemaakt buurman! Meedoen met schoonheidswedstrijden voor kanaries in diverse kleurslagen, waarvan het overgrote deel van de geboren jongen in de vuilnisbak verdwijnt omdat deze niet het juiste voorkomen en de juiste kleur hebben? Je moet nu eenmaal kampioen worden! De jongen van de wedstrijdduif die niet of veel te laat op het hok terugkomt in de soep? Lekker duivenborstje!. Je eigen kippen en konijnen slachten? Komt wat minder voor tegenwoordig, omdat de oprechte landman is verdwenen, maar het moet geen probleem zijn. Goudvissen door het toilet spoelen omdat je op vakantie moet, jonge katten verdrinken omdat het een ongelukje was? Hoe moet dat dan anders? Vijftig miljoen manlijke eendagskuikens (afkomstig uit de fok voor leghennen) per jaar vergassen of anderszins doden? Rimpelloos 350.000 Muskusratten per jaar verdrinken? Dat is ter bescherming van onze dijken! Het op de koop toenemen dat miljoenen dieren in Nederland jaarlijks worden aangereden in het verkeer en overigens doodgaan ten gevolge van onze infrastructuur? Wij hebben ruimte nodig! De koe geeft wat minder melk? Opruimen dat beest!

Met deze en tientallen andere voorbeelden wordt aangegeven dat er voor heel wat gevallen waarin dieren worden gedood of dood gaan geen regelgeving bestaat en, wat bedenkelijker is, dat voor veel van deze onderwerpen wel regelgeving bestaat, maar dat deze in de praktijk niet ten uitvoer wordt gebracht en wordt gehandhaafd.[13] Daarover kom ik nog te spreken.

---

[12] Zie artikel 65 en volgende van de Flora- en faunawet (noot 11) en het daarop gebaseerde Besluit beheer en schadebestrijding dieren; *Staatsblad* 2000/521, gewijzigd bij besluit van 23 oktober 2001, *Staatsblad* 2001/499.

[13] Zie bijv. J.M. Benedictus-van Jaarsveld c.s, De beperkte betekenis van het veterinair tuchtrecht. *Tijdschr. Diergeneeskd.* 127 (2002) 478-482.

Mensheidsgeschiedenis rond het doden van dieren

Ik duik in de mensheidsgeschiedenis. Onze eigenlijke soort - *homo sapiens* - bestaat nog niet heel lang. Hooguit honderd- tot tweehonderdduizend jaar. De voorgangers - *homo habilis* en *homo erectus* - hebben enkele miljoenen jaren bestaan. Habilis is circa een miljoen jaar geleden uitgestorven. Erectus is blijven voortbestaan en heeft waarschijnlijk Neanderthalis voortgebracht. 2.5 Miljoen jaar geleden beschikten de hominide soorten over werktuigen en wapens. 500.000 Jaar geleden werd naar alle waarschijnlijkheid het vuur beheerst - actief en passief - men kon het aanmaken en doven wanneer men wilde. Later konden ook welbewust terreingedeelten worden afgebrand om open ruimten in gebruik te kunnen nemen.[14]

Homo sapiens is vanuit Oost-Afrika een tocht begonnen over de wereld - Out of Africa II - vanuit het Midden-Oosten, linksaf Europa in en rechtsaf dwars door Azië, 50.000 jaar geleden Australië gekoloniseerd, 13.000 jaar geleden de Berendsstraat overgestoken en Noord-Amerika gekoloniseerd en 9.000 jaar geleden Zuid-Amerika. De eilanden in de Stille Oceaan zijn successievelijk tot honderden jaren geleden voor het eerst ontdekt en door mensen in gebruik genomen. Archeologische vondsten van deze zwerftocht over de aarde tonen aan dat overal waar mensen verschenen binnen korte tijd alle grote zoogdier- en vogelsoorten uitgestorven waren. *Homo sapiens* is geen lieverdje gebleken.[15]

En hoe kan het ook anders? Het koloniseren van vreemde gebieden met vreemde terreingesteldheden en uiteenlopende klimatologische omstandigheden, met vreemde roofdieren en vooral met veel vreemde ziektekiemen vergt een groot verkennend en flexibel vermogen van een soort en bovenal een hoop agressie. Stuur een nijlpaard weg van zijn rivier en binnen drie kilometer zal hij uitgestorven zijn. Deze soort heeft nu eenmaal biologische beperkingen, waardoor de dieren niet in staat zijn om onder sterk uiteenlopende omstandigheden in leven te blijven. Zo niet homo sapiens die een niet te temmen aandrift heeft om onderweg te zijn en onderweg alles te vernietigen. Als u dit niet gelooft dan verwijs ik naar de koene Europese zeevaarders die na 1450 de wereldzeeën zijn gaan bevaren. Ook die mens heeft de vernietiging nog eens losjes overgedaan. Overal waar Europeanen kwamen werden zoogdier- en vogelsoorten uitgeroeid en daarnaast natuurlijk veel verschillende soorten mensen.[16] Tot in de 19e eeuw was men bezig de schedelinhoud van verschillende volken te meten om aan te tonen dat het blanke ras superieur was.[17] Alleen de economische mens was sterker dan de verkennende mens: toen eenmaal ontdekt was dat niet-blanke mensen konden werken, werden zij gekocht en verkocht als slaaf en werd er veel geld mee verdiend.[18]

Het doden van dieren kan wel eens een natuurlijke aandrift blijken te zijn, een vast gegeven in het menselijke gedragsrepertoire. Rousseau heeft van de natuurvolken gezegd dat zij nobele wilden zijn.[19] Nobel, omdat zij in harmonie zouden leven met hun omgeving en de waardevolle planten en dieren die daarin voorkomen. Vergeet u het maar. Onderzoek

[14] Zie bijv. I. Tattersall, *Becoming human*. Oxford 1998 en het prachtige *Vuur en beschaving* van J. Goudsblom, Amsterdam 1992.

[15] J. Diamond, *The Rise and Fall of the Third Chimpanzee*. London 1991.

[16] Zie bijv. Matt Ridley, *The Origins of Virtue*. London 1996.

[17] S.J. Gould, *De mens gemeten*. Vertaling, Amsterdam 1996.

[18] Zie bijv. A. Sens, *Mensaap, Leiden, slaaf*. Den Haag 2001.

[19] J.J. Rousseau, *Discours sur l'origine et les fondements de l'inégalité parmi les hommes*. 1754, vele uitgaven en vertalingen.

heeft aangetoond dat alle indianen- en eskimostammen helemaal niet in harmonie leven met hun omgeving. Net als Europeanen roeien zij alle dieren uit tot er in wezen geen een meer over is. Als dat resultaat niet bereikt wordt is dat slechts te danken aan het ontbreken van de noodzaak daartoe of aan het ontbreken van de technische middelen en vaardigheden om het uitroeien te voltooien. Mensen, zo heeft het verrichte onderzoek op dit terrein geleerd, zijn niets ontziende uitroeiers.[20]

Niets ontziende uitroeiers, maar niet van alle dieren. Zo zijn er dieren die aanbeden worden, die heilig zijn verklaard, die bovennatuurlijke krachten worden toegedicht, die mondjesmaat geofferd moeten worden en er zijn natuurlijk dieren waarvan wij gewoon houden. Vooral van dieren als zij zeldzaam zijn geworden (door ons toedoen). Dan gaan wij massaal kijken naar de laatste twee overgebleven exemplaren van een soort. Grote spijt hebben wij dat Nederlanders in de 17e eeuw in luttele jaren de Dodo op Mauritius hebben uitgeroeid. Wij zullen nu nooit weten hoe deze soort er precies uit heeft gezien. Daar hebben we nu spijt van. Goud hebben wij ervoor over als wij het dier zouden kunnen laten herleven. Maar het overgrote deel van de dieren moet dood.

Als het juist is dat de mens niet beschikt over een gedragsrepertoire dat is toegesneden op een fatsoenlijke omgang met dieren, dan kunnen wij verklaren dat de beleefde juridische maatregelen die zijn getroffen om aan dieren bescherming te bieden in de praktijk in het geheel niet functioneren. Dan is het logisch dat een vriendelijke gebods- of verbodsbepaling niet helpt. Daar moet onderzoek naar worden gedaan, omdat inzicht in het wezen van de mens veel bij kan dragen aan de inrichting en instrumentering van het recht dat aan dieren bescherming moet bieden.

Niet-handhaafbaarheid van wetgeving

Ik sprak erover dat het meeste dierenbeschermingsrecht in de praktijk niet functioneert en dat het ook niet wordt gehandhaafd. In een artikel in het *Algemeen Politie Blad* heb ik 10 redenen opgesomd waarom de handhaving van het strafrecht voor de bescherming van dieren in de praktijk niet functioneert. Een paar van die redenen licht ik eruit.[21]

Veel doden van dieren vindt plaats in de huiselijke omgeving, althans op het eigen erf. Dat is een gebied dat om allerlei redenen goed beschermd is tegen de toegang door opsporings- en controleambtenaren. Feiten begaan in de huiselijke omgeving komen niet snel aan het licht. Dieren zijn door hun stilzwijgen en onbegrip direct al heel slechte getuigen. Maar de opsporing en controle worden bemoeilijkt louter doordat men zich nauwelijks toegang kan verschaffen.

Dieren zijn veel te goedkoop. Een beste melkkoe aan het begin van haar loopbaan kost EUR. 1.000,–, een hond uit het asiel EUR. 50,– en de jonge katten van de buren zijn gratis met nog wat erbij. Dat zijn al met al geen prijzen om het nauw te willen nemen met dieren en om deze heel goed te willen verzorgen. Dan heb ik het uiteraard niet over de mensen voor wie het vanzelfsprekend is om goed voor dieren te zorgen. Ik stel echter vast dat het veel gemakkelijker is om slecht voor dieren te zorgen dan goed.

Ik stel ook vast dat de heel lage prijs in wezen niet bijdraagt - in de zin van 'geen drempel opwerpt' - om een zorgvuldige afweging te maken of een dier moet worden

[20] Zie noot 16.

[21] D. Boon, Handhaving dierenbeschermingsrecht allerbelabberdst. Tien redenen waarom het niet functioneert. *Algemeen Politie Blad* (2002) nr. 7, 14-16.

gedood. Een nest jonge katten kan onwelgevallig zijn en dus worden de dieren verdronken. Zouden die katten direct bij hun geboorte reeds een waarde van EUR. 500,– per stuk vertegenwoordigen, dan wordt er geen kat meer gedood. Als ik bij de politie klaag over het verdrinken van een nest jonge katten, dan haalt de opsporingsambtenaar zijn schouders op: er zijn in economische zin duizend-en-een belangrijkere zaken die hij op moet lossen.

Tot voor kort definieerde ik het gezelschapsdier als een dier dat zo oud mogelijk moet worden waarbij kosten noch moeite door de eigenaar worden gespaard. De laatste tijd heb ik mijn twijfels. Er zijn misschien wel eigenaren van een hond die het helemaal niet op prijs stellen als hun dier ouder wordt dan 10 jaar. Dan gaat het dier stinken, uit z'n vacht, uit z'n bek. Misschien zijn die eigenaren wel liever hun dier tijdig kwijt en helpen zij een handje mee om het tot zijn voortijdig einde te laten komen. Kunnen ze dan snel daarna een nieuw hondje aanschaffen!

Rechtspraak en gedogen

Deze en vele andere overwegingen helpen de jurist om zich een mening te vormen over de bestaande wetgeving en de rechtstoepassing met betrekking tot het doden van dieren. Dat is een wetenschappelijke bezigheid.

Het moge duidelijk zijn dat de regels over het doden van dieren in de Nederlandse wetgeving moeten worden aangevuld. Het moge tevens duidelijk zijn dat een dergelijke aanvulling niet voetstoots leidt tot het terugdringen van het aantal ongewenste dodingen in de praktijk. Ik sta echter op het standpunt dat om de dierenbeschermingswetgeving beter te laten functioneren een andere exercitie nodig is dan het veranderen of uitbreiden van die wetgeving: er moet een einde worden gemaakt aan de gedoogcultuur.

Een van de mooiste dierenbeschermingsbepalingen uit ons rechtsstelsel is artikel 36, eerste lid, van de Gezondheids- en Welzijnswet voor Dieren. Daar staat dat het verboden is om zonder redelijk doel, of met overschrijding van hetgeen ter bereiking van zodanig doel toelaatbaar is, bij een dier pijn of letsel te veroorzaken, dan wel de gezondheid of het welzijn te benadelen. Met andere woorden, als er geen redelijk doel voorhanden is dan mag dieren - alle diersoorten - niets worden aangedaan. Is wel sprake van een redelijk doel, dan zal een zorgvuldige afweging gemaakt moeten worden tussen het redelijke doel en de welzijnsbenadeling van de betrokken dieren om tot een oordeel te komen over de toelaatbaarheid van het handelen of nalaten van mensen.

Artikel 36 is toepasbaar verklaard op alle categorieën dieren, dus niet alleen op de gehouden dieren. Proefdieren vallen overigens weer buiten de werking van artikel 36. Daarvoor geldt het equivalent van artikel 10, eerste lid, Wet op de dierproeven.

Toepassing van artikel 36

Ondanks dat artikel 36 in haar huidige redactie goed toepasbaar is op de vraag of dieren mogen worden gedood en onder welke omstandigheden, wordt aan dit artikel nauwelijks toepassing gegeven. Ik geef van deze moeizame toepassing twee voorbeelden.

Het bewaren van levende vissen op de kant in de hengelsport moet als een nalaten worden beschouwd dat in ernstige strijd is met artikel 36, eerste lid. De hengelaar kan voordat hij zijn tuig te water laat beslissen of hij de gevangen vissen mee zal nemen of terug zal zetten in het water. Als hij voor het eerste kiest dan kan hij de vissen na hun vangst direct doden. Dat is niet heel erg moeilijk. Als hij voor het tweede kiest kan hij de dieren direct terugzetten in het water. Zo eenvoudig is het. Toch heeft het tot vorig jaar geduurd voordat eindelijk eens een hengelaar veroordeeld is voor het levend bewaren van meer dan 30 vissen in een zak. En wat is het een moeizame veroordeling geworden. De verbalisanten hebben de moeite genomen om een deskundigenbericht in te winnen over de vraag of vissen op het droge lijden. Daar is zelfs een geleerd bericht van de Universiteit in Bristol aan te pas moeten komen. In eerste aanleg is het met deze zaak niets geworden. Pas in hoger beroep werd de hengelaar strafbaar geacht. Toen was echter al zoveel tijd verstreken dat de hengelaar schuldig werd verklaard zonder dat hem een straf wordt opgelegd.

Hetzelfde geworstel met artikel 36 hebben wij gezien ten aanzien van een boer die zijn eerste gras aan het maaien was. Die reed dwars door een nest zwanen heen die daardoor ernstig verwond raakten. De boer keek vervolgens niet naar de zwanen om. Hij is uiteindelijk veroordeeld, maar dat heeft heel veel moeite gekost.

Als dat de *status quo* is van de dierenbescherming in de Nederlandse rechtspraak, dan kunnen wij niet veel verwachten van de toepassing van regels die het doden van dieren aan banden moeten gaan leggen.

Niet de dierenbeschermingswetgeving moet op de helling, maar het gedogen van de overtreding van de dierenbeschermingswetgeving moet worden aangepakt. Zijn daar mogelijkheden voor? Ja wel. De officier van justitie die de groene wetgeving en de milieuwetgeving behandelt in Zwolle heeft ons nog eens duidelijk gemaakt hoe de opsporing en vervolging van strafbare feiten in Nederland functioneren.[22]

Er is eeuwig een tekort aan capaciteit van opsporende en vervolgende ambtenaren. Het is slechts belangrijk wie er het hardste roept om strafrechttoepassing. Nu zijn pedofilie en beursfraude actueel. Een jaar geleden toen de officier zijn boodschap gaf, waren hij noch wij bekend met het fenomeen ‘bolletjesslikkers’, dat nu een groot deel van de rechtspleging voor zich opeist. Wie het doden van dieren serieus neemt doet er dan ook goed aan om in alle toonaarden bij justitie bekend te maken dat wetgeving met betrekking tot het doden van dieren beter moet worden gehandhaafd.

Aanpassing wetgeving voor het doden van dieren

Als de wetgeving over de vraag of en onder welke omstandigheden dieren mogen worden gedood al moet worden aangepast, dan kan worden volstaan met een simpele wijziging van artikel 36, eerste lid, door aan het eind toe te voegen: ‘of een dier te doden’. Dan komt er te staan voor alle duidelijkheid, dat het verboden is om zonder redelijk doel een dier te doden. Is wel sprake van een redelijk doel om een dier te doden, dan dient afgewogen te worden of de dood haar entree mag krijgen en op welke wijze het doden dient te geschieden. De wetgever dient in elk geval te vermijden dat zij verstrikt raakt in het web om voor elk geval van het doden van dieren een afzonderlijke regeling te willen maken. Een verbod op het doden van dieren zonder redelijk doel leidt tot tientallen bezinnende vragen over het doden van de meest uiteenlopende dieren onder de meest uiteenlopende omstandigheden. Rechters in Nederland zijn dol op het beantwoorden van dat soort vragen.

[22] Door de leerstoel Dier en recht wordt het doctoraalkeuzevak ‘Handhaving van dierenbeschermingsrecht’ gedoceerd, waarbij deskundigen worden uitgenodigd om over de handhavingsproblematiek te discussiëren. Een van hen is de officier van justitie, parket Zwolle, mr. A.L.A.H. de Muy.

Voor een oplossing van het vraagstuk van twee miljoen garnalen en de ene olifant heeft de internationale gemeenschap in 1973 reeds een oplossing gegeven. Toen zijn olifanten beschermd verklaard, waardoor het verboden is deze dieren te doden en hun producten in het bezit te hebben.[23] De hedonist heeft dus in het gegeven voorbeeld twee miljoen levende garnalen nodig die hij moet doden. Dat doet hij door deze diertjes levend in kokend water te dompelen. Uit de overlevering weten wij dat kannibalen hetzelfde deden met blanke mannen. Jammer dat dat nu niet meer gebeurt, anders hadden wij de blanken kunnen vragen hoe het voelt. Van een garnaal zullen wij dat nooit te weten komen.

Stellingen

1. Artikel 36, eerste lid, van de Gezondheids- en Welzijnswet voor Dieren dient te worden gewijzigd in: 'Het is verboden om zonder redelijk doel, of met overschrijding van hetgeen ter bereiking van zodanig doel toelaatbaar is, bij een dier pijn of letsel te veroorzaken, of de gezondheid of het welzijn van een dier te benadelen, dan wel een dier te doden.'
2. Het genetisch bepaalde gedragsrepertoire van mensen ten opzichte van dieren maakt dat mensen tegenstrijdig en inconsequent met dieren omgaan. Daardoor wil het dierenbeschermingsrecht al maar niet van de grond komen.

Aanbevolen literatuur

Afgezien van de literatuurverwijzingen in de voetnoten kan voor de verkenning van de wetgeving worden aanbevolen de bundel: D. Boon, *Wetgeving dierenwelzijn; teksten en toelichting*. Lelystad 1999; een interessante benadering over onder meer het wel en wee rond het doden van dieren is te vinden in de bundel: A.J.P. Raat c.s, *Welzijn van vissen*. Tilburg 1999, waarin 32 auteurs het welzijn van vissen uit even zovele invalshoeken hebben belicht.

[23] Olifanten zijn beschermd krachtens de *Convention on international trade in endangered species of wild fauna and flora (CITES)*. Washington 1973; zie het complete boek Katern CITES van J.A.M. van Spaandonk, Editie 2000; Lelystad 1999.

Deel 2

Het doden van dieren in specifieke ‘dierenpraktijken’

Het doden van dieren in de veehouderij

Verslag van de voordracht van S.J. Schenk, voorzitter van de Afdeling Veehouderij van LTO Nederland

Prof. dr.dr.h.c. J.G. van Logtestijn, emeritus hoogleraar Voedingsmiddelenhygiëne, Faculteit der Diergeneeskunde, Universiteit Utrecht

Rationaliteit en emotie

In geen enkele andere sector van de dierhouderij is het onderwerp 'het doden van dieren' in de afgelopen jaren zo intensief in de maatschappelijke discussie betrokken geweest als juist in de sector veehouderij. Logisch, want iedereen is heel frequent en heel nadrukkelijk geconfronteerd met zeer indrukwekkende beelden van acties, waarbij zeer grote aantallen runderen, schapen en varkens werden gedood in het kader van Europese regelgeving inzake preventie en bestrijding van besmettelijke dierziekten als mond- en klauwzeer en varkenspest. Dit geldt eveneens voor fatale spongieuze aandoeningen van de hersenen bij runderen en schapen (BSE en scrapie) en het vóórkomen van schadelijk geachte residuen van diergeneesmiddelen of stoffen die het milieu vervuilen. De emoties liepen soms zeer hoog op, juist door de massaliteit en de manier van het doden van dieren. Veel mensen hebben heel vaak en erg geëmotioneerd gereageerd op het uitgezette en soms slecht uitgevoerde en toegelichte beleid. In dit symposium mag een reflectie op deze problematiek dus niet ontbreken.

Houden en doden van nutsdieren: een maatschappelijk aanvaard gegeven

Al duizenden jaren worden bepaalde diersoorten door de mens aangepast aan menselijke leefgewoonten en -behoeften. Dat was en is nog steeds voor de meeste mensen een 'doodnormale' zaak, algemeen aanvaard en een onderdeel van het normale aardse leven. Ook in ons Europese - dus ook Nederlandse - cultuurpatroon was het houden, gebruiken en doden van dieren een algemeen aanvaard gegeven. Dit is ook vastgelegd in allerlei teksten die door religieuze en wereldse autoriteiten als uitgangspunten voor menselijk leven en gedrag werden gehanteerd.

Uit allerlei onderzoekingen in ons westers cultuurgebied blijkt dat het doden van dieren een maatschappelijk geaccepteerd gegeven was en is. Voor verreweg de meeste mensen is dat geen discussiepunt en hoort het doden vanzelfsprekend bij het leven op aarde. Ook het feit dat verreweg de meeste Nederlanders voedingsmiddelen van dierlijke oorsprong consumeren houdt in dat het daartoe veelal noodzakelijke doden van dieren wordt aanvaard. Echter, de manier waarop en de reden waarom dieren mochten worden gedood is wel altijd een serieus onderwerp van reflectie en normering geweest. Dit blijkt eveneens uit diverse religieuze en wereldse geschriften.

Veehouders passen goed op hun dieren

Enkele uitzonderingen (die nogal eens nadrukkelijk in de media worden behandeld) daargelaten, voelen veehouders zich verantwoordelijk voor hun dieren; ze zorgen goed voor hen. Wel is duidelijk dat in de intensieve veehouderij, vooral bij het houden van varkens en pluimvee, de balans te ver is doorgeschoten naar de economische belangen ten nadele van het dierenwelzijn en de milieubelasting. Maar de meeste veehouders beseffen dat en hebben al heel veel in hun bedrijf geïnvesteerd en zullen nog veel investeren om de situatie te verbeteren. In dit opzicht mag niet vergeten worden dat die intensieve veehouderij een belangrijke bijdrage heeft geleverd en nog steeds kan leveren aan het inkomen van veehouders, aan de ontwikkeling van plattelandsgemeenschappen en ook de beschikbaarheid van betaalbare en zeer gewaardeerde voedingsmiddelen, voor alle lagen van de bevolking.

Men moet hierbij wel beseffen dat een veehouder nog zó veel zorg kan besteden aan zijn dieren, maar dat zijn veehouderij uiteindelijk profijt moet opleveren. Het blijft dus een finaal 'zakelijke relatie' met grote liefde voor het vak. Vanzelfsprekend is er een verschil tussen de relatie die bijvoorbeeld een pluimveehouder heeft met duizenden (anonieme) dieren en die van een rundveehouder met tientallen (dus te kennen en te onderscheiden) dieren. Naarmate dieren meer herkenbaar en te onderscheiden worden gehouden, zal de eigenaar hen ook meer individueel, meer bewogen en beredenerend benaderen. Dit speelt een belangrijke rol bij het behandelen van zieke dieren, bij onvoldoende prestatie en bij het euthanaseren of aanbieden voor de slacht. Hoe dan ook worden de mogelijkheden voor veehouders om al dan niet deze individuele zorg aan hun dieren te besteden en hierbij welzijn en ethiek mee te wegen, logischerwijze beperkt door de economische mogelijkheden.

Het ambivalente gedrag van de consument en de burger

Zoals eerder vermeld consumeert de overgrote meerderheid van de West-Europese bevolking graag regelmatig voedingsmiddelen van dierlijke oorsprong. Zolang deze voedingsmiddelen worden verkregen zonder daarvoor dieren te doden of onverantwoord te exploiteren, zal vrijwel niemand daar moeite mee hebben. Hoewel aan het vegetarisme en veganisme in de media veel aandacht wordt geschonken, is het aantal mensen dat deze levenshouding strikt volgt gering. De overgrote meerderheid van de inwoners van West-Europa is carnivoor. Deze meerderheid kijkt wel met gemengde gevoelens aan tegen het slachten van dieren, vooral wanneer dit het fabrieksmatige, efficiënte slachten van grote aantallen dieren betreft. Bij de consumptie van vlees legt de gemiddelde consument niet direct de relatie met het noodzakelijke doden van dieren. Een schokeffect treedt dan ook meestal op als men met de feiten rond het doden wordt geconfronteerd, vooral wanneer dit onvoorbereid of, zoals zo vaak in de media, plotseling en sensationeel plaatsvindt. Dit geldt vooral voor de stedeling, die vervreemd is geraakt van de natuur, het platteland en de gangbare voedselproductie. Uiteindelijk - soms na een tijdelijke dip in de consumptie, of het uitwijken naar andere vleessoorten - blijkt de gemiddelde consument toch deze indruk snel te verwerken en gaat deze gewoon door in het vertrouwde voedselpatroon. Bij de boerenorganisaties bestaat de behoefte om de ontstane kloof tussen boer en burger te verkleinen. Een betere voorlichting en objectieve informatie via de media zijn in dit verband noodzakelijk.

Overigens hebben calamiteiten als de uitbraken van varkenspest en mond- en klauwzeer en affaires met groeibevorderaars en stoffen die het milieu vervuilen zowel ‘de burger’ als ‘de boer’ ervan doordrongen dat een aantal zaken in de veehouderij anders moeten worden geregeld. Een groot voordeel, maar tegelijk ook een probleem daarbij is dat allerlei regelingen op het gebied van de dierenwelzijn, diergezondheidszorg en voedselveiligheid vastgelegd zijn in internationale wettelijke regelingen. De interpretatie, de beleving en de handhaving daarvan verschillen nogal van land tot land. Dat kan dus de internationale handelsbetrekkingen en ook de weerslag daarvan in nationale praktijken in de veehouderij en de voedselvoorziening danig beïnvloeden. Veel consumenten beseffen te weinig dat de Nederlandse veehouderij gehouden is aan internationale afspraken en handelspraktijken. Niettemin ligt daarin een belangrijke opgave voor de georganiseerde veehouderij om enerzijds op internationaal niveau te werken aan aanpassing van regelgeving en praktijken en anderzijds op nationaal niveau veel beter uit te leggen aan de burger, c.q. de consument hoe Nederland als voedselproducerend land kan en moet werken.

Tot slot: acceptatie van het doden van dieren

Veehouders en andere beroepsgroepen die actief zijn in de dierlijke productie en personen die om andere redenen deze sector goed kennen, accepteren dat het doden van dieren nu eenmaal een onvermijdelijk onderdeel daarvan uitmaakt. Iedereen die in de sector werkzaam is weet ook dat aan het doden van slachtdieren strenge wettelijke eisen worden gesteld en dat het doden derhalve op een verantwoorde ofwel ‘humane’ wijze plaatsvindt. In het algemeen kan worden gesteld dat het doden van productiedieren zo geschiedt dat het bewustzijn en het gevoel van die dieren in een fractie van een seconde worden uitgeschakeld. Veel mensen beseffen niet dat de vaak niet te vermijden spiersamentrekkingen niet het gevolg zijn van gevoel, bewustzijn of emotionele vluchtreacties.

Het is logisch dat het doden van dieren op zeer grote schaal weerstanden oproept. Zeker wanneer dat niet slachtrijpe en gezonde dieren betreft in het kader van wering en bestrijding van besmettelijke veeziekten of aandoeningen als BSE of vanwege residuproblemen. Dit geldt nog meer wanneer de autoriteiten berichten dat de onderhavige kwesties geen gevaar opleveren voor de volksgezondheid en dus alleen economische motieven de doorslag geven. De Nederlandse veehouderij sector laat duidelijk weten dat hier een terughoudend beleid moet worden gevoerd, dat zowel de belangen als de integriteit van mensen én dieren zoveel mogelijk dient. Als voorbeeld pleit de sector dan ook voor het toepassen van preventieve, regionaal aangepaste vaccinatie met een markervaccin en adequate controle daarop. Gelukkig wordt aan deze problematiek in internationaal verband (EU, Office International des Epizooties in Parijs, de World Trade Organisation, FAO in Rome) hard gewerkt. Dit betekent helaas niet dat wettelijke regelingen snel en adequaat zullen worden aangepast aan de wensen en eisen van het kleine Nederland.

Het euthanaseren van gezelschapsdieren, voor wie een probleem?

Mw. dr. N. Endenburg, Hoofdafdeling Dier & Maatschappij, Faculteit der Diergeneeskunde, Universiteit Utrecht

Inleiding

Aan het al dan niet doden van gezelschapsdieren en paarden zitten heel veel kanten. Er zijn eigenaren die tot het uiterste willen gaan voor wat betreft het laten behandelen van het dier door de dierenarts. Dit omdat ze er geen afscheid van willen of kunnen nemen. Aan de andere kant zitten de asielen nog steeds vol en hebben dierenartsen te maken met de vraag of zij een gezond dier mogen doden bijvoorbeeld omdat de eigenaar geen zin meer heeft in de verzorging van het dier.

In dit artikel zal worden ingegaan op de gevolgen van het al dan niet euthanaseren van gezelschapsdieren en paarden en de motieven van een aantal belanghebbende die bij dit beslissingsproces betrokken zijn.

Gezelschapsdieren en paarden en hun eigenaren

Kleine huisdieren en paarden zijn na de Tweede Wereldoorlog een belangrijke rol in het leven van vele mensen gaan spelen. De functie van kleine huisdieren veranderde en daarmee ook de naam, kleine huisdieren werden gezelschapsdieren. Gezelschapsdieren zijn dieren waarbij mensen de behoefte hebben om die in hun nabijheid te hebben. Het gezelschaps- en recreatieve aspect van het houden van deze dieren werd steeds belangrijker. Door de veranderende samenstelling van gezinnen, leefwijze en woonomgeving ziet op dit moment 81 % van de eigenaren van honden en katten hun dier als een lid van het gezin.[1] Doordat dieren zo'n belangrijke rol in het gezin spelen en mensen vaak sterk aan hun dier gehecht zijn, zijn de gevolgen voor de eigenaar als het dier komt te overlijden of als het dier moet worden geëuthanaseerd, vaak erg ingrijpend. Een rouwproces is dan vaak het gevolg.[2]

Onder gezelschapsdieren worden ook steeds vaker paarden verstaan. De eigenaren hebben vaak een sterke en hechte band met een paard. Toch zijn er wel degelijk verschillen tussen "traditionele" gezelschapsdieren en paarden.[3] Het verschil zit voornamelijk in de functie; paarden zijn meer gebruiksdieren. Ze worden gehouden om op te rijden, om aangespannen mee te rijden, om mee te fokken etc. Als ze door lichamelijke oorzaken hiervoor niet meer geschikt zijn, hebben hun eigenaren meestal het geld en de tijd niet om

[1] N. Endenburg, *Animals as companions. Demographic, motivational and ethical aspects of companion animal ownership*. Thesis, Amsterdam 1991.
[2] L. Lagoni, C. Butler & S. Hetts, *The Human-Animal Bond and Grief*. W.B. Saunders, Philadelphia 1994.
[3] S.S. Brackenridge & R.S. Shoemaker, The human/horse bond and client bereavement in equine practice. *Equine practice* 18 (1996) 19-22; Lagoni *et al.*, noot 2.

een paard alleen maar als gezelschapsdier te houden.[4] Het gevolg is dan meestal dat het paard naar de slacht gaat of wordt geëuthanaseerd.[5]

Recente ontwikkelingen

Ruw geschetst zijn er de laatste jaren twee ontwikkelingen te onderscheiden. Ten eerste de enorme toename van kennis van de veterinaire wetenschap. Deze ontwikkelingen maken het mogelijk om dieren langer te laten leven. Door het uitvoeren van verschillende operaties en therapieën kunnen dieren die vroeger kwamen te overlijden nu effectief behandeld worden of wordt het leven dragelijk waardoor de dood nog even kan worden uitgesteld.

Maar er is een keerzijde aan de medaille. Ondanks alle positieve effecten en interacties die tussen mens en dier kunnen plaatsvinden, zitten de Nederlandse asiels nog steeds (over)vol. En ondanks verwoede pogingen om zoveel mogelijk dieren te herplaatsen, ontkomen de meeste asiels er toch niet aan om van tijd tot tijd dieren die moeilijk of niet plaatsbaar zijn, te euthanaseren. Bovendien worden dierenartsen nog regelmatig geconfronteerd met eigenaren die hun dier willen laten euthanaseren op grond van andere overwegingen dan de gezondheid van het dier. Voorbeelden hiervan zijn het laten euthanaseren van een hond vanwege agressieproblemen, of kattenallergie bij een van de kinderen.[6] Ook kunnen gedragsproblemen een rol spelen zoals bijvoorbeeld een sproeiende kat. In principe zijn dit allemaal dieren die gezond zijn en niet ondraaglijk lijden. Het kan ook zijn dat eigenaren geen tijd meer hebben voor het dier of bepaalde behandelingen niet kunnen of willen betalen. De meeste dierenartsen worden in meer of mindere mate geconfronteerd met deze kwesties. Uit onderzoek van Rutgers en Baarda blijkt dat euthanasie bij gezelschapsdieren voor veel dierenartsen een moreel probleem vormt.[7]

Maar ook het feit dat er op veterinair technisch gebied steeds meer mogelijk is, kan een dierenarts voor een probleem stellen. Moet alles wat kan ook gedaan worden, en waar ligt de grens van het toelaatbare? Een pacemaker voor hond of kat, is dat in het belang van het dier, van de eigenaar of in beider belang?

Belanghebbenden

In dit hele proces van overwegingen rond het doden van dieren zijn er drie belanghebbenden, namelijk het dier, de eigenaar (met de sociale omgeving bijvoorbeeld familie, buren) en de dierenarts. Alleen één van de belanghebbende, namelijk het dier, kan in de afweging om al dan niet tot euthanasie te komen, niet worden gehoord. De eigenaar en de dierenarts zullen dus in overleg moeten proberen het belang van het dier zo goed mogelijk tot z'n recht te laten komen. Hieronder zullen de verschillende belangen op een rijtje gezet worden.

---

[4] N. Endenburg, Perceptions and attitudes towards horses in European societies. *Equine Vet. J. Suppl.* 28 (1999) 38-41.

[5] N. Endenburg, J. Kirpensteijn & N. Sanders, Equine euthanasia: The veterinarian's role in providing owner support. *Anthrozoös* 12 (1999) 138-141.

[6] Commissie Ethiek KNMvD. Euthanasie bij gezelschapsdieren *Tijdschr. Diergeneeskd.* 117 (1992) 717-720.

[7] L.J.E. Rutgers & D.B. Baarda, Normatieve vragen in de diergeneeskundige beroepspraktijk: een verkenning. *Tijdschr. Diergeneeskd.* 119 (1994) 525-535.

Het belang van het dier is om een dierwaardig leven te leiden. Aan de ene kant betekent dit het recht om een dierwaardig leven te leven. Aan de andere kant is dit het recht om te mogen sterven, zodanig dat er niet uitzichtloos geleden hoeft te worden voordat het dier wordt geëuthanaseerd, of uiteindelijk uit zichzelf sterft onder erbarmelijke omstandigheden.

Dan is er de eigenaar met de sociale omgeving. Zoals eerder vermeld is, beschouwen veel mensen gezelschapsdieren als onderdeel van het gezin. Mensen hebben meestal een hechte band met hun gezelschapsdier. Door gebeurtenissen die ze samen met het dier meegemaakt hebben, kan deze band nog verstevigd worden. Dit maakt dat eigenaren door allerlei psychosociale factoren op een bepaalde wijze met de ziekte en de eventueel naderende dood van hun huisdier omgaan. Maar ook de sociale omgeving van de eigenaar heeft invloed op hoe bovenstaande ervaren wordt. Zo maakt het ontbreken van een sociale omgeving dat het huisdier als een vervanging van menselijk contact wordt. Alleen al de gedachte bij deze eigenaren dat het dier ooit komt te overlijden, maakt dat de angst voor eenzaamheid naar boven komt. Aan de andere kant kunnen de omstandigheden zo zijn dat er besloten wordt tot euthanasie. De mening en eventuele druk vanuit de omgeving kunnen van doorslaggevende betekenis zijn, om de dierenarts te verzoeken het dier te euthanaseren. De sociaal-economische status van eigenaren kan iets zeggen over de financiële kant van de zaak, alhoewel het zeker niet zo is dat mensen met een hoger inkomen per definitie meer willen uitgeven aan behandelingen dan mensen met een kleinere portemonnee. Het is echter wel een factor die meespeelt in een eventuele beslissing tussen behandelen en euthanaseren.

De dierenarts, alhoewel vaak vergeten, is wel degelijk een belanghebbende. Hij maakt afwegingen op vakinhoudelijk gebied. Het goed op de hoogte zijn van de laatste ontwikkelingen is van essentieel belang bij deze afweging. Ook de dierenarts heeft echter zijn eigen normen en waarden. Wat wel en niet toelaatbaar is, is naast het vakinhoudelijke voor een groot gedeelte ook afhankelijk van die eigen normen en waarden. Een dierenarts kan gewetensbezwaren hebben als hij bepaalde handelingen moet uitvoeren. De attitude van de dierenarts, die onder andere ontstaan is uit zijn eigen opvoeding, de omgeving waarin hij is opgegroeid en de opleiding tot dierenarts, maakt hoe en wat hij mensen adviseert. Door de positie waarin hij verkeert, kan hij eigenaren in een bepaalde richting sturen.[8] Toch blijken eigenaren het niet plezierig te vinden als ze niet van alle keuzemogelijkheden op de hoogte zijn en als ze hun keuze niet zelf hebben kunnen bepalen.[9] Eigenaren willen graag betrokken blijven. Aan de andere kant kunnen eigenaren ook enorme druk op een dierenarts uitoefenen om bepaalde handelingen uit te voeren. Een voorbeeld hiervan is morele chantage: “Als jij ‘m niet dood maakt, dan verzuip ik ‘m zelf in de sloot”. Of : “Als jij het niet doet, dan ga ik naar de dierenarts een paar straten verder”.

Standpunten

Als het gaat om euthanasie kunnen de volgende standpunten worden ingenomen:

1. De eigenaar en dierenarts zijn het eens over het euthanaseren van het dier, bijvoorbeeld het dier lijdt ondraaglijk.

[8] D.L. Roter & J.A. Hall, *Doctors talking with patients, patients talking with doctors*. Auburn House, London 1993.
[9] Lagoni *et al.*, noot 2.

2. De eigenaar wil het dier laten euthanaseren, bijvoorbeeld vanwege gedragsproblemen zoals bijten. De dierenarts heeft hier problemen mee en wil een alternatieve oplossing zoeken. Deze oplossing zou bijvoorbeeld herplaatsing of een aantal gedragscursussen kunnen zijn. Het zou ook kunnen zijn dat een operatie voor een dier noodzakelijk is, maar dat de eigenaar hier geen geld voor heeft. Zo'n dier dat eigenlijk na de operatie nog een prima leven zou kunnen lijden, moet dan door de financiële omstandigheden worden geëuthanaseerd. De dierenarts zou ervoor kunnen kiezen om de behandeling gratis of voor veel minder geld uit te voeren. Voor een keertje hoeft dat geen probleem te zijn. Maar dit kan vaker voorkomen en andere cliënten zullen waarschijnlijk ook zo'n voorkeursbehandeling willen hebben. Een goede verzekering voor gezelschapsdieren zou een gedeelte van deze gevallen van euthanasie kunnen voorkomen. Tot die tijd zullen dierenartsen regelmatig met dit dilemma geconfronteerd worden.

3. De eigenaar wil nog verder gaan met de behandeling, de dierenarts wil euthanasie omdat een behandeling niet zinvol meer is. Wat doe je als dierenarts zijnde met eigenaren die hun dier willen laten behandelen tegen botkanker, terwijl je dit niet in het belang van dier vindt. De eigenaren willen echter geen afscheid van het dier nemen.

Bij deze standpunten moet bedacht worden dat de belangen van alle drie de partijen meespelen. Dan wordt duidelijk dat het aantal verschillende situaties groot en erg uiteenlopend is. Wat te denken van onderstaand voorbeeld:

> Een mevrouw komt een aantal keren met haar hond van negen jaar in de praktijk. Ze wil haar hond laten euthanaseren. Deze mevrouw is ernstig in de war en vertelt iedere keer verwarde verhalen. De hond is sterk vermagerd en zit vol met vlooien. Ondanks alle adviezen van de dierenarts blijft de hond mager en verdwijnen de vlooien niet. Waar doet men in dit geval het beste aan?

De vraag die hierbij speelt is: "Wanneer is het toelaatbaar om te euthanaseren en wanneer is dat niet toelaatbaar"? Uit bovenstaande korte situatieomschrijving komt naar voren dat dierenartsen in de sector van de individueel gehouden dieren het niet gemakkelijk hebben bij dergelijke afwegingen. Omdat zoveel verschillende factoren een rol spelen is het eigenlijk niet mogelijk om meer te doen dan uiterste grenzen van toelaatbaarheid te definiëren. Dierenartsen moeten handvatten aangereikt krijgen die het hun mogelijk maakt om deze afweging te maken. Door een attitude binnen de opleiding diergeneeskunde te creëren waar men met deze handvatten creatief kan omgaan, wordt het mogelijk om samen met eigenaren tot oplossingen van deze ethische kwesties te komen.

Het doden van proefdieren

Mw. dr. J.M. Fentener van Vlissingen, Directeur van het Erasmus Dierexperimenteel Centrum van het Erasmus Medisch Centrum, Rotterdam

Inleiding

Het doden van dieren door mensen gebeurt in alle culturen en wordt omgeven door rechtvaardigingsgronden. Dergelijke rechtvaardigingsgronden zijn nodig omdat we intuïtief aanvoelen dat het doden van dieren zonder redelijk doel moreel problematisch is. De erkende redelijke doelen zijn talrijk: dieren voor de voedselvoorziening dienen vers te zijn en worden derhalve met dat doel gedood, dieren die gevaarlijk zijn voor mensen of voor de volksgezondheid, of die de voedselproductie in gevaar brengen, worden gedood om voedselvoorziening en volksgezondheid veilig te stellen. Ook dieren die eerder een rol spelen in culturele of recreatieve context worden gedood wanneer het dier niet meer nodig is. In bepaalde gevallen is het belang van dieren mede een reden om dieren te doden, bijvoorbeeld wanneer de dieren (of dieren van andere soorten) anders zouden verhongeren of door ziekte omkomen, of wanneer een bepaald dier in een dusdanige conditie verkeert dat het verdere ellende bespaard moet worden. Bij het doden van dieren zijn er nog meer morele aspecten van belang, bijvoorbeeld de intentie waarmee het doden geschiedt: de handeling van het doden is minder verwijtbaar wanneer dit per ongeluk gebeurt, uit noodzaak, of met de beste bedoelingen, dan wanneer iemand dat voor zijn plezier zou doen. Ook wordt in het algemeen gevonden dat het doden van dieren met zo min mogelijk stress en pijn aan de zijde van het dier gepaard moet gaan. In onze westerse cultuur worden wrede methoden op grond van morele criteria afgewezen, en in tal van andere culturen ook.

Op deze ingewikkelde materie zal nu niet verder worden ingegaan, omdat voor het doden van proefdieren nadere criteria gelden. Dierproeven worden verricht ten behoeve van wetenschappelijk onderzoek, de ontwikkeling van de geneeskunde en de diergeneeskunde, en de bescherming van werknemers, patiënten, consumenten en het milieu tegen mogelijke risico's van producten (bijvoorbeeld geneesmiddelen, chemicaliën) en bijproducten. Bij het verrichten van dierproeven dient het welzijn van de dieren zo goed mogelijk bewaakt te worden, en in dat verband worden dieren gedood als onderdeel van de proef, wanneer de aantasting van het welzijn te ernstig is, of wanneer de dieren niet meer nodig zijn. Wettelijke regelingen zijn duidelijk gericht op het beschermen van het welzijn van de dieren. In verband daarmee wordt ook voorgeschreven dat dieren onder bepaalde omstandigheden moeten worden gedood, om onnodige (verdere) aantasting van het welzijn te voorkomen. Deze voorschriften treden echter niet in de plaats van de ethische discussies en afwegingen.

Wettelijke aspecten

Voor proefdieren (de meeste zijn gehouden dieren) zijn enkele wetten van direct belang: de Gezondheids- en welzijnswet voor dieren (GWWD), en -in bepaalde gevallen- de wettelijke bepalingen tot bescherming van inheemse of uitheemse fauna die handelingen met deze dieren aan vergunningplicht binden. Deze wetten op het gebied van omgang met dieren worden beheerd door het Ministerie van Landbouw, Natuurbeheer en Visserij (LNV). Naast deze algemene wetten geldt een *lex specialis*, namelijk de Wet op de Dierproeven (WOD), onder verantwoordelijkheid van het ministerie van Volksgezondheid, Welzijn en Sport (VWS). De bepalingen van de WOD zijn doorslaggevend op het terrein van dierproeven wanneer de bepalingen in de verschillende wetten zouden conflicteren.

De GWWD kent een aantal uitvoeringsbesluiten waarvan enkele direct gerelateerd zijn aan het gebruik van proefdieren. De meest opvallende is het Besluit Biotechnologie bij Dieren dat uitvoering geeft aan het "nee, tenzij" beleid dat geldt voor de genetische modificatie van dieren. Tot op heden zijn alleen vergunningen aangevraagd die betrekking hadden op het gebruik van gewervelde proefdieren of ongewervelde dieren voor onderzoek. De -uitgebreide openbare- vergunningprocedure kent een ethische toets (door de Commissie Biotechnologie bij Dieren) die als dierenbelangen zowel het welzijn als de integriteit van dieren in de afweging betrekt. De integriteit van het dier is in concrete termen te beschrijven: de mate van aantasting van het genetisch materiaal en van uiterlijk of zelfredzaamheid. Welzijn wordt apart gewogen en niet in het verlengde van integriteit gezien, met andere woorden, het doden van het dier om aantasting van het welzijn te beperken is niettemin een aantasting van de integriteit.

De WOD dateert van 1976 en werd aangepast in 1996, met name om integraal de bepalingen van de inmiddels ingevoerde Europese regelgeving op te nemen. Deze Europese regelgeving (86/609/EEG) regelt "*... de bescherming van dieren die voor experimentele en andere wetenschappelijke doeleinden worden gebruikt*". De WOD stelt eisen aan de huisvesting en verzorging van proefdieren (Art. 12, Regeling Huisvesting en verzorging 2001), eisen aan deskundigheid van onderzoekers (Art. 9), medewerkers die de dieren verzorgen en behandelen van dieren (Art. 12), de uitvoering van toezicht welzijn (proefdierdeskundige ex Art. 14), leden van dierexperimentencommissies (Art. 18), en aan registraties en rapportage.

De Europese regelgeving (Richtlijn 86/609/EEG, artikel 9.1) is expliciet over het eindpunt voor het dier na beëindiging van een proef: "*Aan het einde van een proef moet worden beslist of het proefdier in leven zal worden gehouden, dan wel op een humane wijze zal worden gedood, met dien verstande dat het niet in leven mag worden gehouden wanneer het waarschijnlijk is dat het dier, ook al is het voor het overige weer helemaal gezond, blijvende pijn of blijvend ongemak zal ondervinden.*" Art. 9.3.b "*Wanneer aan het einde van een proef een dier niet in leven wordt gehouden of niet gebaat is bij het bepaalde in Artikel 5 over zijn welzijn, moet het onverwijld op humane wijze worden gedood.*" Artikel 10 behandelt het hergebruik van dieren. "*In het bijzonder mag een dier niet meer dan eenmaal worden gebruikt in proeven die hevige pijn, groot ongemak of daarmee gelijkstaand leed met zich brengen.*"

De Nederlandse WOD is op deze punten minder duidelijk geformuleerd: Art. 13.4 "*Hij die een dierproef verricht, is verplicht ervoor zorg te dragen dat, wanneer daarbij aan een proefdier een handeling wordt verricht tengevolge waarvan het anders dan gedurende korte tijd ongerief zou ondergaan indien het in leven wordt gelaten, het dier terstond wordt gedood. Indien zulks de proef zou verijdelen dient het dier te worden gedood zodra de proef dit toelaat*". Over hergebruik, in Art. 13.3 "*Het is verboden op een proefdier meer dan eenmaal een proef te verrichten die ernstig ongerief berokkent*". Het is wellicht onlogisch dat de tekst van de Europese richtlijn niet zonder meer in de Nederlandse wet is overgenomen. Niettemin is duidelijk dat de wetgever het tijdig doden van een dier ziet als een goede wijze om een probleem op te lossen. Het doden zelf wordt niet als een moreel probleem gezien, het onterecht in leven laten wel. Ook aan het hergebruik van dieren worden beperkingen gesteld om het dier te beschermen.[1]

Ethische aspecten

De wetgeving ter bescherming van proefdieren heeft als ijkpunt het beperken van de aantasting van het welzijn van de betrokken dieren. Dit sluit aan op de kernbegrippen voor alternatieven voor dierproeven, de drie V's: Vermindering, Verfijning en Vervanging. "Vermindering" is het streven om minder proefdieren te gebruiken. Bij "Vervanging" wordt verwezen naar onderzoeksmethoden waarvoor geen levende proefdieren gebruikt worden. Het is relevant om op te merken dat dit begrip in Nederland anders wordt ingevuld dan elders in de wereld: het doden van dieren om materialen (organen, weefsels en cellen) voor onderzoek te verkrijgen wordt elders gezien als een volwaardig vervangingsalternatief. In Nederland wordt het doden van een dier voor het verkrijgen van materialen wel gedefinieerd als een dierproef. Het is maar wat je afspreekt! Bij de "Verfijning" van dierproeven wordt met name gestreefd naar het inperken van het ongerief. In dat kader wordt momenteel het begrip "humane eindpunten" verder verdiept en uitgewerkt. Bij de toepassing van dat principe wordt het dier gedood zodra het proefresultaat verkregen is, uiteraard met meer nadruk naarmate de aantasting van het welzijn groter is. In dit kader wordt "ongerief" gebruikt als een wettelijke term voor de aantasting van het welzijn. In de ogen van velen is dit een eufemisme, dat wil zeggen taalgebruik om begrippen als pijn en ziekte te verhullen.

De morele positie van het dier is niet volledig recht gedaan door het dier te beschermen tegen aantasting van zijn welzijn. Een dier is geen ding en er zijn nog andere redenen om het dier een eigen belang toe te kennen. In dat kader is het begrip "intrinsieke waarde" van dieren geïntroduceerd, in zijn eenvoudigste interpretatie om aan te geven dat een dier naast het nut voor de mens ook nog een eigen waarde vertegenwoordigt. Dit begrip is opgenomen in de considerans van de WOD, uiteraard zonder nadere uitleg of aanzet tot interpretatie. Het begrip "intrinsieke waarde" van dieren is namelijk niet eenvoudig te operationaliseren, zoals ook blijkt uit bio-ethische verhandelingen over dit onderwerp.[2] Bij de praktische toepassing is het begrip "integriteit" beter hanteerbaar, bijvoorbeeld zoals de Commissie Biotechnologie dat doet. Dit opent dan ook de mogelijkheid om te overwegen of proefdieren, omwille van hun existentie, in bepaalde gevallen beter niet gedood kunnen worden. Andere overwegingen daarbij zijn dan: de kwaliteit van leven die het dier geboden kan worden; en: hoe om te gaan met de aantasting van de gezondheid die het bereiken van hoge leeftijd haast onvermijdelijk met zich mee zal brengen.

---

[1] J.M. Fentener van Vlissingen, The re-use of animals for research - a humane endpoint? In: C.F.M. Hendriksen & D.B. Morton (Eds) *Humane endpoints in animal experiments for biomedical research*. Laboratory Animals Ltd, London, UK 1999, pp. 145-147.

[2] J.M. Fentener van Vlissingen, Intrinsic value of animals used for research. In: M. Dol, M. Fentener van Vlissingen, S. Kasanmoentalib, T. Visser & H. Zwart (Eds) *Animals in Philosophy and Science: Recognizing the intrinsic value of animals, Beyond animal welfare*. Van Gorcum, Assen 1999, pp. 123-131.

Technische aspecten

Methoden om dieren op verantwoorde wijze te doden zijn een belangrijk onderwerp van discussie als het gaat om dieren die voor voedselproductie worden gebruikt. Immers, het dierlijk product moet vrij zijn van residuen van diergeneesmiddelen en verdovingsmiddelen. Daardoor zijn slachtmethoden meestal mechanische methoden (bijvoorbeeld het schietmasker), of methoden voor het bedwelmen met elektriciteit of kooldioxidegas. Bij proefdieren is de keuze aan verantwoorde methoden veel groter omdat het gebruik van andere bedwelmingsmiddelen (anesthetica) meestal geen bezwaren oplevert. In de proefdierkundige en diergeneeskundige vakliteratuur worden tal van mogelijkheden aangegeven, niet alleen voor zoogdieren maar ook voor andere gewervelde diersoorten (vogels, reptielen, amfibieën en vissen).

Validatie van humane eindpunten

Met humane eindpunten (Engels: Humane Endpoints) wordt bedoeld dat nauwkeurig wordt beoordeeld wanneer het proefresultaat is verkregen en het dier daarna niet langer in leven wordt gelaten; dit om onnodig verder ongerief te beperken. Het is van groot belang dat dit eindpunt zorgvuldig wordt gekozen, want te vroeg betekent dat afbreuk wordt gedaan aan het onderzoeksresultaat, en te laat dat het dier onnodig lang ongerief heeft gehad. Ook dient voor het toepassen van dit principe een goed inzicht te bestaan in de interne toestand van het dier. Aan de hand van intensieve observatie van uiterlijk en gedrag en eventuele ziekteverschijnselen, maar ook aan de hand van de voorlopige onderzoeksresultaten (bijvoorbeeld fysiologische meetgegevens).[3] Dit alles vereist een goede samenwerking tussen de onderzoeker en degenen die de dieren verzorgen en observeren. De grote uitdaging tot het hanteren van humane eindpunten is gelegen in de proeven die moeten worden uitgevoerd om te voldoen aan eisen voor de veiligheid en werkzaamheid van producten zoals medicijnen en entstoffen, maar ook chemische producten (bijvoorbeeld voor industriële of huishoudelijke toepassing) en stoffen die schadelijk kunnen zijn voor het milieu (bijvoorbeeld conserveringsmiddelen voor hout, bestrijdingsmiddelen). Bij dergelijke proeven wordt reeds een enorme besparing op dierproeven gerealiseerd omdat de westerse industrielanden de proeven erkennen die volgens internationaal afgesproken testrichtlijnen worden uitgevoerd. Aan de vaststelling van dergelijke protocollen gaan vaak jaren van internationaal overleg vooraf, en een eenmaal vastgestelde richtlijn is niet snel te veranderen. Voor zover binnen de testrichtlijn ruimte is om de uitvoering aan te passen ten behoeve van het welzijn van de dieren, gebeurt dit ook zoveel mogelijk. De OECD (Organisation for Economic Co-operation and Development) is een samenwerkingsverband van de geïndustrialiseerde landen dat zich intensief bezighoudt met de harmonisatie van testrichtlijnen. Deze organisatie heeft in 2000 een consensus document uitgegeven dat nadere richtlijnen geeft voor de implementatie van het principe van humane

[3] J.M. Fentener van Vlissingen, M.H.M. Kuijpers, E.C.M. van Oostrum, R.B.Beems & E.J. van Dijk, Retrospective evaluation of clinical signs, pathology and related discomfort in chronic studies. In: C.F.M. Hendriksen & D.B. Morton (Eds) *Humane endpoints in animal experiments for biomedical research.* Laboratory Animals Ltd, London, UK, 1999, pp. 89-94.

eindpunten.[4] Daarbij dient een alternatief eindpunt van de proef (informatie verkregen) te worden gevalideerd, dat wil zeggen dat de keuze van het eindpunt de resultaten van de proef niet wezenlijk verandert.

Bevordering van het welzijn

Het welzijn van dieren kan actief bevorderd worden door na te gaan wat dieren (of hun wilde voorouders) aangenaam vinden. Daarbij wordt rekening gehouden met de wijze waarop het dier zoal de dag doorbrengt (sociale interactie, slapen, voedsel verwerven, voedsel opnemen). Er zijn daarbij grote verschillen tussen bijvoorbeeld vleeseters en planteneters, en tussen sociaal levende dieren en dieren die gewoonlijk solitair leven. In toenemende mate wordt de huisvesting van proefdieren zodanig aangepast en verbeterd dat de dieren een flink deel van hun natuurlijk gedragsrepertoire kunnen uitvoeren. Een volledig natuurlijke situatie kan en moet niet worden nagestreefd: het is bijvoorbeeld niet acceptabel dat de dieren elkaar doden bij rangordegevechten. Ook is het verstrekken van levend voer (prooidier) een heikel punt. Het is een illusie dat een dier gebaat is bij een volledig stressarm bestaan omdat dan de verveling toeslaat; stress is tot op zekere hoogte bevorderend voor het welzijn, namelijk wanneer de prikkels het aanpassingsvermogen van het dier niet te boven gaan. “Welzijn” zou ook kunnen worden gedefinieerd als de afwezigheid van noemenswaardig ongerief.

Inschatting van ongerief

Ongerief kan veel verschillende oorzaken hebben. De belangrijkste categorieën zijn: emotionele stress, pijn en ziekte. Emotionele stress (verveling, angst, etc.) kan worden veroorzaakt door omgevingsfactoren in de houderij en door proeftechnische handelingen. Omgevingsfactoren zijn deels te beïnvloeden door de wijze van houden en verzorgen van de dieren, waarbij rekening gehouden moet worden met de relevante verschillen tussen diersoorten. Een zuiver antropomorfe visie, dus vanuit de mens geredeneerd, voldoet niet. Bij de beoordeling van pijn en de gevolgen van ziekte kunnen metingen behulpzaam zijn, maar er kan gevoeglijk worden aangenomen dat aandoeningen die bij de mens pijnlijk of anderszins belastend zijn, dat voor dieren ook kunnen zijn. Veel diersoorten tonen relatief weinig symptomen van pijn en ziekte omdat dat roofdieren of rangorde concurrenten zou kunnen aanzetten tot actie. Dat er weinig symptomen te zien zijn wil niet zeggen dat er geen sprake is van pijn of iets dergelijks. Fysiologische metingen (temperatuur, hartslag, stresshormonen) kunnen dan belangrijke aanvullende informatie opleveren. Wanneer het aannemelijk is dat het dier pijn ondervindt of ziekteverschijnselen vertoont, dienen deze, voor zover de proef het toelaat, bestreden te worden, bijvoorbeeld door het toepassen van pijnbestrijding of het aanpassen van de huisvesting.

[4] *Guidance document on the recognition, assessment, and use of clinical signs as humane endpoints for experimental animals used in safety evaluation.* ENV/JM/MONO 7, OECD Environmental Health and Safety Publications, Series on Testing and Assessment No. 19, Organisation for Economic Co-operation and Development (OECD), Paris 2000, 39 pp.

Opleiding en training

Om alle hiervoor uiteengezette principes voor het verantwoord omgaan met proefdieren ten uitvoer te kunnen brengen, is het van belang dat alle betrokkenen voldoende deskundig zijn en goed met elkaar communiceren en samenwerken. Er is dan ook een uitgebreid stelsel van (aanvullende) opleidingen beschikbaar om te zorgen dat degenen die betrokken zijn bij proefdieren en dierproeven voldoende kennis van zaken hebben. Dierverzorgers, biotechnici en researchanalisten dienen een uit hoofde van de WOD erkende vakopleiding gevolgd te hebben om met proefdieren te mogen werken. Onderzoekers, dus degenen die de proeven ontwerpen, managen en rapporteren, moeten in aanvulling op hun wetenschappelijke opleiding nog een aanvullende drieweekse cursus proefdierkunde volgen om dierproeven te mogen doen. Zij moeten de proeven vervolgens eerst laten toetsen door een erkende dierexperimentencommissie; zonder een positief advies mag de proef geen doorgang vinden. Ook aan de deskundigheid van de leden van zo'n commissie worden eisen gesteld, en wel op de volgende terreinen: dierproeven, proefdieren en hun bescherming, ethische toetsing en alternatieven voor dierproeven (per lid één of meer terreinen van deskundigheid, en een evenredige vertegenwoordiging van de expertisegebieden in iedere commissie). Voorts dient de commissie voldoende onafhankelijk te zijn; in verband daarmee dienen er leden te zijn die niet betrokken zijn bij dierproeven (in ruime zin) en leden die geen arbeidsverhouding hebben tot de vergunninghoudende instelling aan wie wordt geadviseerd. Dit laatste geldt met name voor de voorzitter.

Dilemma's

De regelgeving rond dierproeven is ingericht om het welzijn van de dieren te optimaliseren, onder meer door het beperken van het ongerief. In deze wettelijke context wordt het doden van een dier gezien als een oplossing, niet als een probleem. Daarmee is het morele dilemma van het doden van dieren echter nog niet opgehelderd. Intuïtief neigen mensen tot het in leven laten van dieren na een proef. Dit getuigt van respect voor het leven van het dier, maar kan ten koste gaan van het dierenwelzijn. Mensen die met proefdieren werken hebben oog voor het belang van dieren, en ook een grote betrokkenheid bij dieren. Dit geeft een persoonlijke belasting, temeer omdat de "buitenwereld" vaak ongenuanceerd kritisch is.

Proefdieren worden zeer professioneel en verantwoord gehouden. In geen enkele andere sector wordt het belang van dieren zo centraal geplaatst en met zoveel voorzorgen omringd als bij proefdieren het geval is. Beslissingen over gezondheid, welzijn, leven en dood van dieren worden tevoren, bij ethische toetsing, voorbereid. Op de werkvloer worden dergelijke beslissingen vervolgens in teamverband genomen en daardoor transparant onderbouwd. In andere sectoren van dierhouderij ontbreekt het vaak aan slagvaardige of weloverwogen besluitvorming over het doden van dieren, ook als de slechte conditie van het dier het nemen van een beslissing gebiedt. Het ware te wensen dat ook voor andere gehouden dieren het begrip "humaan eindpunt" vorm en inhoud zou krijgen.[5] Het professionele collectief (bedrijven en instellingen die dieren houden of beheren, dierenartsen, overheid, en anderen die beroepsmatig verantwoordelijkheid dragen voor dierenwelzijn) zou zich moeten bezinnen op de toepasbaarheid van het principe van een

[5] J.M. Fentener van Vlissingen, Professional Ethics in Veterinary Science. *Veterinary Sciences Tomorrow* (internet journal), January 2001 (first issue).

"humaan eindpunt" voor dieren die de mens van dienst zijn geweest. In de proefdierkunde wordt dit principe steeds verder uitgewerkt, met de bedoeling om dieren die door ziekte, veroudering of experimentele handelingen ongerief ondervinden, op een zinnig tijdstip te doden, voordat het ongerief ernstige vormen aanneemt. Aantasting van het welzijn van andere gehouden dieren zou zich evenzeer lenen voor het ontwikkelen van nadere criteria voor een humaan eindpunt: een mens- en dierwaardig eindpunt.

Het doden van dieren, vanuit de optiek van dierenwelzijn, is vooral afhankelijk van de toepassing van een goede methode, die met zo min mogelijk angst, stress en pijn gepaard gaat. Voor het dier is er, in de beleving, geen verschil tussen de inleiding van een narcose en de inleiding tot de dood. Het verschil zit in het al of niet herwinnen van het bewustzijn. Wij kunnen het dier niet uitleggen dat het uit de narcose bij zal komen om het daarmee een perspectief op de toekomst te gunnen. Op het moment van ontwaken is het welzijn van het voorheen genarcotiseerde dier aangetast (suf, eventueel misselijk, hoofdpijn, eventueel pijn van een ingreep). Het gedode dier ondervindt verder geen ongerief. De conclusie is dat het op correcte wijze doden van het dier een goede manier is om het welzijn te beschermen. Het toedienen van narcose zou echter altijd kritisch bezien moeten worden, ook in de veterinaire praktijk en de praktijk van het wildbeheer.

Moet het leven van een proefdier worden beschermd? De meeste proefdieren worden speciaal voor dat doel gefokt en gehouden. Er zijn wettelijke "waterdichte schotten" geplaatst om te voorkomen dat huisdieren als proefdieren worden gebruikt en ook de transformatie in omgekeerde richting wordt bemoeilijkt. Deze scheiding heeft tot gevolg dat dieren die als proefdieren zijn gefokt moeilijk een andere bestemming kunnen vinden wanneer ze niet voor proeven worden gebruikt, en dan worden gedood. Dergelijke dieren trekken de aandacht van dierenbeschermingsorganisaties, als ware er sprake van onverantwoord proefdiergebruik. Is hun leven zonder waarde of betekenis geweest omdat ze niet tot gebruikswaarde gebracht worden? Door te spreken over "surplus-dieren" verliest het begrip intrinsieke waarde zijn glans: was het leven van het dier minder respectabel omdat het dier niet gebruikt werd voor onderzoek? Het leven van een proefdier is niet minder beschermingswaardig dan het leven van enig ander dier. Het is daarom frappant dat een term als "surplus" dier wordt gehanteerd wanneer er geen concrete bestemming is voor een proefdier in het onderzoek. De echte surplus-dieren, overbodige huisdieren, zitten in dierenasiels, met alle problemen van dien. Het pensioneren van proefdieren is dan ook alleen verantwoord als het belang van die dieren daar direct en duurzaam mee wordt gediend. Het dient niet te worden nagestreefd om onaangename beslissingen die in het belang van de dieren moeten worden genomen, te ontlopen.

Het doden van dieren bij het natuurbeheer

H. Piek, Beleidsmedewerker Afdeling Natuur en Landschap, Vereniging Natuurmonumenten, 's Graveland

Inleiding

Dagelijks sterven er miljoenen dieren zonder dat we er weet van hebben. Dood is in de natuur even gewoon als geboren worden en leven. Omdat we er nauwelijks weet van hebben en zeker niet met alle sterfgevallen geconfronteerd worden, is doodgaan in de natuur een "ver van mijn bed" proces. Pas als we ermee geconfronteerd worden, wordt het een zaak waarover we als mens een mening hebben, dilemma's in zien, behoefte hebben aan ethische richtlijnen en dergelijke.

Beheerders van natuurgebieden komen waarschijnlijk nog het meest in aanraking met dood gaan in de natuur en soms hebben ze een actieve rol bij het doden van dieren in deze natuurgebieden. Vaak betreft het dan bewust doden van enkele individuele dieren om sterven van grote aantallen dieren te voorkomen of om dieren uit hun stervenslijden te bevrijden. Een beheerder richt zich daarbij dus zowel op doodgaan op het niveau van een populatie als op het niveau van een individu van een populatie. Welke doelen en richtlijnen hebben beheerders van natuurgebieden bij dit aspect van diermanagement?

Doelen en beheerrichtlijnen

Het beheer van natuurgebieden berust op een doelstelling die zich richt op het behouden, herstellen en ontwikkelen van een zo groot mogelijke verscheidenheid aan landschappen om een zo groot mogelijke diversiteit aan levensgemeenschappen en soorten op een zo natuurlijk mogelijke wijze in stand te houden. Zonder uitvoerig in te gaan op schaalaspecten van dit streven naar biodiversiteit heeft een dergelijke doelstelling ook iets in zich van een dilemma, namelijk die van natuurlijkheid versus cultuurlijkheid. Want het behoud en herstel van biodiversiteit in ons land betekent een zekere mate van menselijk ingrijpen waarbij de natuurlijkheid geweld wordt aangedaan. Toch is dit dilemma maar schijn. Want het streven naar natuurlijkheid is immers een door mensen bepaalde daad en is daarmee een cultuurdaad. Natuurbehoud is een culturele activiteit en is des mensen. Paul Theroux schreef in een van zijn reisbeschrijvingen rondom de Middellandse Zee dat de cultuur van de mens zich vooral uit op de wijze waarop men zich opstelt ten aanzien van vrouwen en dieren.[1] Het dilemma spits zich toe op de vraag in hoeverre de mens mag of moet ingrijpen of beheren.

Om uit dit dilemma te komen en voor het beleid hanteerbaar te maken, is door Prof. dr. V. Westhoff reeds in 1945 een indeling van de natuur gemaakt, die ook thans nog in het natuurbeleid wordt aangehouden.[2] Daarbij wordt op basis van een toenemende mate van interventie van de mens in de natuur een drietal typen onderscheiden, namelijk:

[1] P. Theroux, *De Zuilen van Hercules*. Atlas, Amsterdam 1999.

[2] V. Westhoff, Biologische problemen der natuurbescherming. *Verslagen van de Natuurbeschermingsdag van de N.J.N. te Drachten* (1945) 18-30.

- (nagenoeg) natuurlijk landschap (inclusief begeleid natuurlijk landschap)
- halfnatuurlijk landschap
- natuurrijk cultuurlandschap.

Deze indeling van de natuur maakt ingrijpen in meer of mindere mate mogelijk als het om het behoud van de biodiversiteit gaat.

Waarom is diermanagement nodig?

Beheren van de natuur is primair sturen in het ecosysteem. Sturing vindt daarbij plaats op processen in de natuur. Het sturen van processen kan slaan op abiotische factoren zoals waterpeil, bodemrijkdom, zuurgraad en dergelijke, maar ook op biotische processen zoals de ontwikkeling van de vegetatiestructuur, aantal reductie, reproductie, predatie, concurrentie etc. Het beïnvloeden van aantallen van een populatie hoort daar ook bij. Verder wordt onderscheidt gemaakt in soortbevorderende maatregelen en soort beperkende maatregelen, waarbij het soortbeperkende beheer vaak bedoeld is om een andere soort te bevorderen. Voorbeelden daarvan zijn het wegvangen van brasem om weer helder water voor een beter leefgebied van de snoek te krijgen en het afschieten van vossen om meer weidevogels te krijgen.

Deze soortbeperkende maatregelen gaan meestal gepaard met het doden van dieren. Dit doden vindt vooral plaats met de motivering dat bepaalde soorten in zulke kleine populaties en aantallen in cultuurlandschappen en halfnatuurlijke landschappen voorkomen, dat ze zich zonder deze menselijke ingreep niet zouden kunnen handhaven. Natuurlijke processen als predatie, concurrentie, inteelt en genetische vervuiling (bastaardering) zouden immers leiden tot het plaatselijk verdwijnen van de soort. De beheerder streeft daarbij in deze landschappen naar een door de mens bepaalde verhouding tussen soorten, populaties en individuen. Zonder beheer is het behoud van veel bedreigde soorten (Rode Lijstsoorten) in cultuurlandschappen erg onzeker omdat:

- de gebieden te klein zijn voor een selfsupporting populatie
- externe bedreigende factoren te veel invloed hebben
- onvoldoende uitwisseling tussen populaties plaatsvindt

Het diermanagement in dergelijke natuurgebieden zal zich daarbij primair richten op een aantalregulatie via de habitat van de betreffende diersoort. Te denken valt daarbij aan beperking, respectievelijk bevordering van het voedselaanbod, de nestplaats en dergelijke. In de tweede plaats vindt er aantalregulatie plaats door rechtstreekse beperking van het aantal individuen door weglokken, verjagen, vangen (en opnieuw uitzetten) en afschot/doden.

Naast het reguleren van de aantallen van een diersoort uit oogpunt van behoud van soorten, kan aantalregulatie ook in het geding zijn als er sprake is van een gewichtig maatschappelijk belang. Een maatschappelijk belang is aan de orde als er sprake is van:

- ernstige landbouwschade (bijv. vraat, varkenspest)
- bedreiging van de veiligheid (bijv. verkeer, dijken, vliegtuigen)
- bedreiging van de volksgezondheid (bijv. rabiës)
- nastreven van een goed nabuurschap

Ethische richtlijnen voor het doden van dieren

Voor de omgang met dieren en dus ook ten aanzien van het doden van dieren bij het beheer van haar terreinen, heeft de Vereniging Natuurmonumenten een aantal ethische richtlijnen opgesteld. Het ethische uitgangspunt van Natuurmonumenten hierbij is dat alle dieren (ook individuen) even waardevol zijn om te beschermen en met respect worden behandeld. Dit gebeurt niet alleen vanwege de beschermwaardigheid van het dieren, maar ook uit oogpunt van menswaardigheid. Natuurmonumenten kent aan dieren twee basale rechten toe, namelijk:

a. het recht op wildheid en zelfstandig en in vrijheid leven
b. het recht op zorg bij hulpbehoevendheid als gevolg van menselijk handelen en/of falen

Het eerst genoemde recht heeft niet alleen betrekking op wilde diersoorten, maar ook op dieren die weliswaar wild, zelfstandig en vrij in een natuurgebied leven maar toch een domesticatie verleden hebben zoals bijvoorbeeld de Schotse Hooglandrunderen in het Nationaal Park Veluwezoom. Een wild, zelfstandig en vrij leven geeft de beste garantie dat wilde dieren hun wildheid behouden en niet afhankelijk worden van mensen en zodoende niet onderhevig worden gesteld aan domesticatie.

Bij deze wilde en wildlevende dieren geeft Natuurmonumenten geen curatieve zorg bij hulpbehoevendheid, tenzij deze een gevolg is van menselijk handelen respectievelijk falen. Dat kan bijvoorbeeld het geval zijn bij situaties waarin de biotoop niet voldoende variatie aan voedsel of onvoldoende mineralen heeft, waardoor er een levensbedreigende situatie ontstaat. Bijvoederen met voedsel, water of mineralen kan in zo'n situatie als curatieve zorg gegeven worden. Bij deze dieren wordt wel een preventieve zorg gegeven om de wildheid en zelfstandigheid te waarborgen. Dit betekent dat terreinkeuze, oppervlakte, inrichting en beheer zodanig zullen moeten zijn, dat deze wildheid en zelfstandigheid ook mogelijk is. Voorbeelden van situaties dat sterven van wilde dieren in het geding is, zijn onder meer stervende vissen in een van nature droogvallende nevengeul in het rivierengebied, sterfte ten gevolge van natuurlijke predatie, natuurlijke overstroming, ouderdom en genetische afwijkingen. Wanneer een dergelijke sterven dreigt, zal dat via preventieve inrichtings- en beheersmaatregelen in het gebied voorkomen moeten worden.

Wanneer het gaat om het wel of niet geven van zorg bij dieren die in een lijdenssituatie verkeren of kans hebben van sterven, onderkent Natuurmonumenten een zorgplicht bij zowel wilde als bij gehouden dieren (landbouwhuisdieren en dergelijke). Bij lijden wordt curatieve zorg verleend, tenzij er geen of onvoldoende beschikkingsmacht over het dier is. Dat houdt in de praktijk in of het dier wel of niet gevangen kan worden en redelijkerwijs in de hand te krijgen is. Zorg wordt ook niet gegeven wanneer deze zorg niet effectief is of juist de kans op herstel verder verkleint. Wanneer de verleende zorg het lijden vergroot (bijvoorbeeld bij stress, verwonding en dergelijke), dan wordt er geen curatieve zorg verleend. Wanneer het een natuurlijke ziekte bij wildlevende dieren betreft waarvoor geen wettelijke verplichting tot bestrijding bestaat, zal evenmin een curatieve zorg gegeven worden, tenzij dit leidt tot het uitsterven van de populatie. Bij een dier dat in een situatie van uitzichtloos lijden verkeert tengevolge van een wilde predator (dus geen gedomesticeerde predator als huiskatten of honden), zal evenmin een dergelijke zorg verleend worden.

Het komt in natuurgebieden dikwijls voor dat dieren in een situatie van uitzichtloos lijden verkeren en dat er zeker geen kans is op herstel. In dergelijke situaties zal de beheerder besluiten het dier te doden om verder lijden te voorkomen. Dit zal altijd op een effectieve wijze plaats vinden door middel van euthaniseren (verdoving en laten inslapen). In het geval dat deze dieren niet in de hand te krijgen zijn, is dit niet altijd mogelijk. Doden door afschot zal dan plaats vinden door een ervaren schutter. Dit zal in de regel alleen plaats vinden bij de middelgrote en grote dieren. Bij kleine dieren als ongewervelden, vissen, reptielen en amfibieën vindt afschot doorgaans niet plaats.

Ook bij het uitvoeren van euthanasie mag het vangen niet tot een extra lijdenssituatie leiden. In de praktijk gaat het vooral om het doden van verkeersslachtoffers die bij verwonding in een natuurgebied wegvluchten, milieuslachtoffers zoals stookolie-slachtoffers, vergiftiging of biotoopvernieting door maaien en plaggen. Ook door verdrinking kan een dier in een stervenssituatie geraken. Hetzelfde geldt voor bepaalde ziekten die door de mens worden veroorzaakt zoals myxomatose en Viral Haemorrhagic Syndrom (VHS). Dodelijke verwonding als gevolg van sport zoals jacht en sportvisserij is bij Natuurmonumenten niet in het geding, omdat er geen sportjacht meer plaats vindt en de sportvisserij wordt afgebouwd. Hooguit kunnen er gewonde dieren in de natuurgebieden van Natuurmonumenten aanwezig zijn die daarbuiten zijn aangeschoten.

Het doden van vissen voor consumptie

Dr. J.W. van de Vis[1], *Dr. E. Lambooij*[2], *R.J. Kloosterboer, B.Sc.*[1], *S.C. Kestin, B.Sc.*[3], *M.A. Gerritzen, B.Sc.*[2] *en C. Pieterse*[2]

[1]*Nederlands Instituut voor Visserijonderzoek (RIVO), IJmuiden*
[2]*Instituut voor Dierhouderij en Diergezondheid (ID-Lelystad), Lelystad*
[3]*University of Bristol, Department of Clinical Veterinary Science, Langford, Bristol, United Kingdom*

Inleiding

De laatste jaren worden voedingsmiddelen steeds meer beschouwd als een concept. Milieuaspecten en dierenwelzijn maken daar deel van uit. Het welzijn van vissen is door dierenbeschermers in Nederland, maar ook in andere Europese landen, de afgelopen tien tot vijftien jaar voortdurend onder de aandacht gebracht bij de overheid en het bedrijfsleven. Dit heeft er aan bijgedragen dat de Nederlandse overheid en het bedrijfsleven de huidige dodingsmethoden voor met name de paling (*Anguilla anguilla*) en Afrikaanse meerval (*Clarias gariepinus*) niet meer acceptabel vinden.

Ook supermarkten gaan in toenemende mate eisen stellen aan de wijze waarop de productieomstandigheden en het welzijn van gehouden vissen op elkaar worden afgestemd.[1] Hierbij speelt het doden van vis een belangrijke rol. Uit onderzoek is gebleken dat ongewenste effecten op het welzijn van vissen kunnen worden voorkomen door de dieren bewusteloos te maken voordat ze worden gedood. In een bekend overzichtsartikel wordt gesteld dat vissen het vermogen hebben om te leren en geen reflexmachines zijn.[2] Ook uit publicaties van onder meer Kestin[3] en Wiepkema[4] blijkt dat vissen meer zijn dan reflexmachines en dat hun welzijn daarom kan worden geschaad. Rose daarentegen vindt dat het onwaarschijnlijk is dat vissen pijn kunnen ervaren, maar stelt desondanks dat mogelijk schadelijke stressreacties met het oog op het welzijn van de vissen vermeden moeten worden.[5]

Om de ongewenste effecten te voorkomen, stelt de Europese richtlijn inzake de bescherming van dieren bij het slachten of doden de volgende eis: “Bij het verplaatsen, onderbrengen, fixeren, bedwelmen, slachten en doden moet ervoor worden gezorgd dat de dieren elke vermijdbare opwinding of pijn of elk vermijdbaar lijden wordt bespaard”.

[1] Zie *Verslag Werkconferentie Aquacultuur*, Lelystad, 27 april 2000. Ministerie LNV, Den Haag 2000, 24 pp; M. Cooke, Ethical considerations for the production of farmed fish- the retailer's viewpoint. In: S.C. Kestin & P.D. Warriss (Eds.) *Farmed Fish Quality*. Blackwell, Oxford, UK 2001, pp. 116-119; J.W. van de Vis, E. Lambooij, R.J. Kloosterboer & C. Pieterse, Betere kwaliteit vis door bedwelmen voor de slacht? *Aquacultuur* 16 (2001) nr. 6, 19-24.

[2] J.B. Overmier & K.L. Hollis, Fish in the think tank: Learning, memory and integrated behaviour. In: R.P. Kesner & D.S. Olson (Eds) *Neurobiology of Comparative Cognition*. Lawrence Erlbaum, Hillsdale (NJ) 1990, pp. 205-236.

[3] S.C. Kestin, *Pain and stress in fish*. Royal Society for the Prevention of Cruelty to Animals, Causeway, Horsham, UK 1994.

[4] P.R. Wiepkema, The emotional vertebrate. In: M. Dol *et al.* (Eds) *Animal Consciousness and Animal Ethics*. Van Gorcum & Comp B.V., Assen, The Netherlands 1997, pp. 93-102.

[5] J.D. Rose, The neurobehavioral nature of fishes and the question of awareness and pain. *Reviews in Fisheries Science* 10 (2002) 1-38.

Gehouden vissen zijn niet uitgesloten van de Europese richtlijn. Er worden echter geen specifieke methoden voor het bedwelmen, slachten of doden van gehouden vissen voorgeschreven, hetgeen bij landbouwhuisdieren wel het geval is. Bedwelmen is gedefinieerd als: "Iedere methode die, bij toepassing op een dier, dit dier onmiddellijk brengt in een staat van bewusteloosheid die aanhoudt totdat de dood is ingetreden". Onder doden verstaat men: "Iedere methode die resulteert in de dood van het dier". Het slachten is omschreven als "het doden van een dier door verbloeding".[6]

Binnen het bestek van dit artikel zal het overheidbeleid ten aanzien van het welzijn van vissen, de ontwikkelingen in de sector en een toetsing van huidige en experimentele methoden voor het doden van levend aangevoerde en gevangen vissen aan de orde komen.

Welzijn van vissen en het overheidsbeleid

In de *Beleidsbrief welzijn van vis*[7] en de nota *De waarde van vis*[8] heeft mevrouw G.H. Faber, de vorige Staatssecretaris van het ministerie van Landbouw, Natuurbeheer en Visserij, uiteengezet welk beleid zij voorstaat om de welzijnssituatie van vissen te verbeteren. Deze documenten van het ministerie hebben ook betrekking op schaal- en schelpdieren, siervissen en de sportvisserij. Binnen het bestek van dit artikel zal niet nader worden ingegaan op deze categorieën. Bij de ontwikkeling van toekomstig welzijnsbeleid voor de kweek van vissen gaat de overheid uit van het richtingsgevend perspectief dat "Gehouden dieren leven in een omgeving waarin zij hun soorteigen gedrag kunnen vertonen".[9] Ten aanzien van bepaalde vangst- en dodingsmethoden meldt Faber dat "De huidige dodingsmethoden van paling en meerval uit welzijnsoogpunt duidelijk ongewenst zijn. Om die reden zal ik in 2002 regelgeving omtrent het doden van vis in procedure brengen. Deze regelgeving zal in eerste instantie voor paling en meerval effectief worden". In de *Beleidsbrief welzijn van vis* wordt verder vermeld dat er ten aanzien van andere vissoorten in veel gevallen onvoldoende kennis aanwezig is om objectief vast te kunnen stellen of er sprake is van ongewenste methoden.

Welzijn van vissen en het bedrijfsleven

Onderzoek naar en initiatieven tot het ontwikkelen van welzijnsvriendelijke en praktisch uitvoerbare dodingsmethoden voor gekweekte paling, Afrikaanse meerval, tilapia, zeebaars, tong en tarbot worden ondersteund door bedrijven vanuit Nederland en andere Europese landen. Een welzijnsvriendelijke methode om paling onmiddellijk te bedwelmen tot het dier dood is, is ontwikkeld door het RIVO, ID-Lelystad, het bedrijf Royaal B.V, het Institute for Fishery Technology and Fish Quality, Hamburg, Duitsland en de University of Bristol in het Verenigd Koninkrijk.[10] De methode is nog niet gereed voor de praktijk; er moet nog een prototype worden ontwikkeld en getest. Ten aanzien van de vangst van vissen

[6] Richtlijn 93/119/EU. On the protection of animals at the time of slaughter and killing. *Off. J. Europ. Comm.*, 22 december 1993, pp. 21-34.

[7] G.H. Faber, *Beleidsbrief Welzijn van vis* (kenmerk: Viss, 2002/2479). Ministerie LNV, Den Haag 2002. 6 pp.

[8] *De waarde van vis: achtergrond document bij de beleidsbrief welzijn vis*. Ministerie LNV, Den Haag 2002, 33 pp.

[9] Faber, noot 7.

[10] E. Lambooij, J.W. van de Vis, H. Kuhlmann, W. Münkner, J. Oehlenschläger, R.J. Kloosterboer & C. Pieterse, A feasible method for humane slaughter of eel (*Anguilla anguilla*, L.): stunning in fresh water prior to gutting. *Aquacult. Res.* 33 (2002) 643-652.

stelt Faber dat het welzijn van vis vooral in de sector van de beroepsvisserij nog weinig aandacht heeft gekregen.[11]

Toetsen van huidige en experimentele methoden om vissen te doden

Voor het toetsen van methoden om vissen te doden, is het volgende *algemene uitgangspunt* beschikbaar: voorafgaand aan het slachten dient bij een dier de bewusteloosheid te worden opgewekt tot het dier dood is, zonder dat er sprake is van vermijdbare opwinding of pijn of elk vermijdbaar lijden.[12] Bij dieren, en dus ook vissen, is het niet mogelijk om op basis van gedragsobservaties met voldoende zekerheid vast te stellen of de bewusteloosheid al of niet is opgewekt. Het is namelijk bekend dat een onjuist gebruik van elektriciteit om bijvoorbeeld palingen te bedwelmen kan leiden tot uitputting zonder dat de bewusteloosheid onmiddellijk intreedt. Dit bleek uit registratie van het EEG.[13]

Bij het intreden van de bewusteloosheid treden er kenmerkende veranderingen in het EEG op. Het is van belang dat de staat van de bewusteloosheid zodanig is dat een vis tijdens een volgende stap, bijvoorbeeld het strippen, niet meer bijkomt. Tijdens de opgewekte bewusteloosheid bij een vis worden daarom pijnprikkels toegediend om na te gaan of het dier bewusteloos, en dus gevoelloos, blijft. De gevoelloosheid kan worden vastgesteld door na te gaan of responsen op het EEG als gevolg van toegediende pijnprikkels afwezig zijn. Het waargenomen gedrag en reacties op toegediende prikkels, na toepassing van een bedwelmings- of dodingmethode, worden vergeleken met het geregistreerde EEG. De op deze wijze uitgevoerde waarneming van het gedrag en de responsen op prikkels daarin, levert waardevolle informatie op over de welzijnsaspecten van een toegepaste methode. Het waargenomen gedrag kan aanwijzingen geven over het optreden van stress voordat de bewusteloosheid is opgewekt.

Toetsen van methoden voor levend aangevoerde vissen

Voor het doden van levend aangevoerde vissen, die hoofdzakelijk afkomstig zijn van kwekerijen, zijn tal van methoden in gebruik. Het direct verbloeden van Atlantische zalm (*Salmo salar*), paling en Afrikaanse meerval blijkt de dieren niet onmiddellijk te bedwelmen. Registratie van het EEG laat zien dat het respectievelijk 5, 13 en 15 minuten duurt voordat de bewusteloosheid intreedt.[14] Het is duidelijk dat het verbloeden, zonder dat de dieren eerst zijn bedwelmd, niet aan het algemene uitgangspunt voldoet.

In Noorwegen worden Atlantische zalmen eerst bedwelmd in zeewater dat verzadigd is met koolzuurgas. Vervolgens worden de dieren verbloed door de kieuwbogen door te snijden. Uit metingen van de hersenactiviteit en observatie van het gedrag blijkt dat het gebruik van koolzuurgas de dieren niet snel bedwelmt. Bovendien is er sprake van sterk vluchtgedrag, hetgeen wijst op stress bij de vissen. Deze methode kan het welzijn dus nadelig beïnvloeden.

[11] Faber, noot 7.
[12] Richtlijn EU, noot 6.
[13] Lambooy et al., noot 10.
[14] J.W. van de Vis, S.C. Kestin, D.F.H. Robb, J. Oehlenschläger, E. Lambooij, W. Münkner, H. Kuhlmann, R.J. Kloosterboer, M. Tejada, A. Huidobro, H. Otterå, B. Roth, N.K. Sørensen, L. Aske, H. Byrne & P. Nesvadba, Is humane slaughter of fish possible for industry? *Aquaculture Reseach* (2003) in press.

Een experimentele methode die wel aan het algemene uitgangspunt kan voldoen is het gebruik van voldoende stroom.[15] In Figuur 1 is een overzicht weergegeven van het proces van bedwelmen en doden in een zalmslachterij. De dieren bevinden zich in kooien en vervolgens pompt men de dieren naar de slachterij. In de slachterij gebruikt men experimentele apparatuur voor het elektrisch bedwelmen van de dieren. Na de uitvoering van deze stap worden de zalmen verbloed door de kieuwbogen door te snijden. Onlangs is het toepassen van de elektriciteit om de zalmen te bedwelmen gestopt, omdat er teveel bloedingen in het vlees voorkwamen.[16] Onderzoek heeft laten zien dat het mogelijk is om het optreden van bloedingen als gevolg van bedwelmen met elektriciteit bij regenboogforellen (*Oncorhynchus mykiss)* te voorkomen.[17] De regenboogforel behoort tot

Figuur 1. Experimenteel proces van bedwelmen en doden door verbloeding bij een Noorse zalmslachterij.
A= Wachtruimte van de vissen in kooien
B= Verpompen naar de bedwelmingsapparatuur
C= Zalmen na bedwelming met elektriciteit
D= Verbloeden van bedwelmde zalmen

[15] Van de Vis *et al.*, noot 1, noot 14.
[16] D.F.H. Robb, persoonlijke mededeling.
[17] D.H.F. Robb, M. O' Callaghan, J.A. Lines & S.C. Kestin, Electrical stunning of rainbow trout (*Oncorhynchus mykiss*): An experimental approach to determining factors that affect stun duration. *Aquaculture* 205 (2002) 359-371.

dezelfde familie als de Atlantische zalm. Bij de paling traden er geen bloedingen op als gevolg van de bedwelming met stroom.[18]

De goudbrasem (*Sparus aurata*) is een vis die voornamelijk in landen rond de Middellandse Zee wordt gekweekt. De praktijkmethode bestaat uit het onderkoelen van de vissen in ijswater of ijs. Uit de evaluatie van deze methode is gebleken dat de bewusteloosheid pas na gemiddeld 5 minuten intreedt en dat er sprake is van vluchtgedrag, hetgeen wijst op stress bij de dieren. De resultaten laten zien dat het onderkoelen kan leiden tot ongewenste effecten op het welzijn van de dieren en daarom is de methode niet aan te bevelen. Wanneer een stroom met een sterkte van 400 mA, 50 Hz a.c. gedurende 1 s door de kop van de goudbrasem wordt gevoerd, kan de bewusteloosheid wel onmiddellijk worden opgewekt. Het gebruik van stroom gedurende 1 seconde is echter onvoldoende om de vissen te bedwelmen tot ze dood zijn. Condities om de dieren zodanig te bedwelmen met elektriciteit zonder dat ze weer bijkomen, zijn nog niet vastgesteld.[19]

De in Nederland gehanteerde methoden voor het doden van de paling en Afrikaanse meerval, respectievelijk het ontslijmen in een zoutbad[20] en het onderkoelen in ijs of ijswater[21] blijken niet aan het algemene uitgangpunt te voldoen. Bij gebruik van beide methoden treedt de bewusteloosheid niet onmiddellijk in en is er sprake van stress.

Enkele jaren geleden kwamen twee alternatieven voor het bedwelmen van paling beschikbaar, namelijk het gebruik van stroom en onderkoelen. In Duitsland is er sinds april 1999 een wet van kracht die regels stelt aan het doden van palingen.[22] Volgens die wet dienen de palingen in water te worden bedwelmd door gedurende 5 min een stroomdichtheid van 0.0 tot 0.19 A per dm^2 elektrode oppervlak te gebruiken en daarna pas gedood door de dieren te ontslijmen en te strippen. Wanneer water met een geleidbaarheid van 500 μS wordt gebruikt is de voorgeschreven stroomdichtheid 0.13 A per dm^2. Metingen die onder de laatstgenoemde omstandigheden waren uitgevoerd, lieten zien dat de bewusteloosheid dan niet onmiddellijk intreedt. Er is sprake van uitputting van de vissen. De methode voldoet dus niet aan het algemene uitgangspunt. Bij een stroomdichtheid van 0.64 A per dm^2 trad de bewusteloosheid wel binnen 1 seconde in.[23]

Het andere alternatief voor de paling bestaat uit onderkoelen van de paling tot een lichaamstemperatuur van ten hoogste 5 °C en daarna invriezen van een pekel van -20 tot -16°C. De resultaten laten zien dat bij het onderkoelen de bewusteloosheid niet onmiddellijk intrad. Bovendien was er sprake van vluchtgedrag en onregelmatige hartactiviteit in het onderkoelde dier dat nog bij bewustzijn is. Het direct invriezen in de pekel biedt ook geen soelaas. Ook bij het invriezen is het niet mogelijk dat de bewusteloosheid onmiddellijk

[18] M. Morzel & J.W. van de Vis, Effect of the slaughter method on the quality of raw and smoked eels (*Anguilla anguilla* L.). *Aquacult. Res.* (2003) 1-11.

[19] Van de Vis *et al.*, noot 14.

[20] J.W. van de Vis, E. Lambooij, R.J. Kloosterboer, M. Morzel, M.A. Gerritzen & C. Pieterse, Criteria for assessment of slaughter methods of eel (*Anguilla anguilla*) and African catfish (*Clarias gariepinus*). Oral presentation at the 32nd West European Fish Technologists' Association Meeting, Ireland, 2002.

[21] E. Lambooij, J.W. van de Vis, R.J. Kloosterboer & C. Pieterse, C., Welfare aspects of live chilling and freezing of farmed eel (*Anguilla anguilla*, L.): neural and behavioural assessment. *Aquaculture* 210 (2002) 159-169.

[22] Tierschutz-Schlachtverordnung, *Verordnung zum Schutz von Tieren in Zusammenhang mit der Schlachtung und Tötung vom 3-3-1997*, BGB I, Nr. 13; Tierschutz und Schlachtverordnung, *Verordnung zur Änderung der Tiersschlachtung verordnung vom 25-11-1999*, BGB1, Nr. 54.

[23] Lambooij *et al.*, noot 10.

intreedt zonder dat er sprake is van vermijdbare stress. Het effect van gebruik van de koude pekel op de paling is vergelijkbaar met het gebruik van het zoutbad.[24]

Een experimentele methode voor de paling die wel aan het algemene uitgangspunt voldoet, is gebruik van elektriciteit in combinatie met het verdrijven van zuurstof uit het water. Metingen van de hersenactiviteit en observaties van het gedrag lieten zien dat de dieren onmiddellijk waren bedwelmd en niet meer bijkwamen.[25] Een andere experimentele methode die zowel voor de paling als de meerval geschikt is, is het gebruik van een naaldschietmasker. Hierbij wordt gedurende 1,5 s onder hoge druk lucht in de hersenen gespoten, waardoor onmiddellijk de bewusteloosheid intreedt zonder dat de dieren nog bij kunnen komen. De methode verkeert in een experimenteel stadium en is in de huidige staat geschikt voor gebruik onder laboratorium omstandigheden.[26]

Toetsen van methoden voor vissen gevangen op zee

Een aanzienlijk deel van gevangen vissen op zee bleek, nadat ze aan boord in bakken met water waren geplaatst, gecoördineerd zwemgedrag te vertonen. Voor de griet en hondshaai bleek dit 100%, kabeljauw 96 %, wijting 91 %, haring 87 %, tarbot 86 %, schar 73 %, tong 55%, schol 40 %, grauwe poon 26 % en voor zeekatten (inktvissen) 33% van het totaal aan vissen dat aan boord kwam (Tabel 1).

In de figuren 2 en 3 wordt een overzicht gegeven van de invloed van strippen (uitsnijden van de ingewanden), laten stikken in de lucht en een combinatie daarvan op het percentage van de vissen dat gevoelig was, dat wil zeggen in staat bleek om gecoördineerd zwemgedrag te vertonen of te reageren op toegediende prikkels. Wanneer een vis als gevoelig wordt geclassificeerd dan kan dit erop duiden dat het dier nog bij bewustzijn is. Bij aanwezigheid van gecoördineerd zwemgedrag is het onwaarschijnlijk dat de vissen bewusteloos zijn. Ten behoeve van deze experimenten was een methode ontwikkeld, om vast te stellen of het gedrag van de vissen en vertoonde responsen op toegediende prikkels, konden wijzen op bewusteloosheid of de afwezigheid daarvan.[27]

Na het strippen bleek het veel langer dan 1 seconde te duren voordat haringen, kabeljauwen, wijtingen, tongen, scharren en schollen niet meer gevoelig waren. De bewusteloosheid trad bij deze vissen mogelijk niet onmiddellijk in. Het bleek, afhankelijk van de vissoort, gemiddeld 20 tot 65 minuten te duren totdat de vissen niet meer gevoelig waren. Het strippen van de vissen, zonder voorafgaande bedwelmingsstap, voldoet mogelijk dus niet aan het algemene uitgangspunt.

Ook het laten stikken in de lucht resulteerde mogelijk niet in het onmiddellijk intreden van de bewusteloosheid. In geval van tongen, scharren en schollen bleek het veel langer te duren voordat de vissen niet meer gevoelig waren (gemiddeld ca. 250 min) dan het geval was voor haringen, kabeljauwen en wijtingen (gemiddeld ca. 55 min). Om na te gaan hoe lang het duurde voordat de vissen niet meer gevoelig waren als gevolg van verstikken aan de lucht werden uit de vangst vissen geselecteerd die waarschijnlijk volledig bij bewustzijn

[24] E. Lambooij *et al.*, noot 21.

[25] E. Lambooij *et al.*, noot 10.

[26] E. Lambooij, J.W. van de Vis, R.J. Kloosterboer & M.A. Gerritzen, Welfare aspects of stunning by using head-only electrical current and captive needle pistol in farmed African catfish *(Clarias gariepinus,)*. *Proc. 48th I.C.o.M.S.T.*, Rome, Italy, 2002, pp. 688-689.

[27] S.C. Kestin, J.W. van de Vis & D.F.H. Robb, A simple protocol for assessing brain function in fish and the effectiveness of stunning and killing methods used on fish. *Vet. Record* 150 (2002) 320-307.

Tabel 1. Percentage vissen (inclusief zeekatten) dat nog gevoelig is na de vangst op zee.

Vissoort	Gevoelig (in procenten)
Griet (*Scopthalmus rhombus*)	100
Hondshaai (*Squalus acanthias*)	100
Kabeljauw (*Gadus morhua*)	96
Wijting (*Merlangius merlangus*)	91
Haring (*Clupea harengus*)	87
Tarbot (*Psetta maxima*)	86
Schar (*Limanda limanda*)	73
Tong (*Solea solea*)	55
Schol (*Pleuronectes platessa*)	40
Grauwe poon (*Eutrigla gunardus*)	26
Zeekat (*Sepia officinalis*)	33

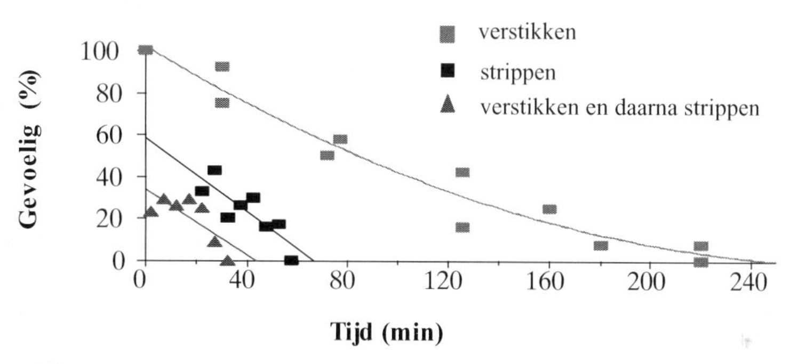

Figuur 2. Effect van verstikken aan de lucht, strippen, en een combinatie daarvan op op zee gevangen scharren, schollen en tongen.

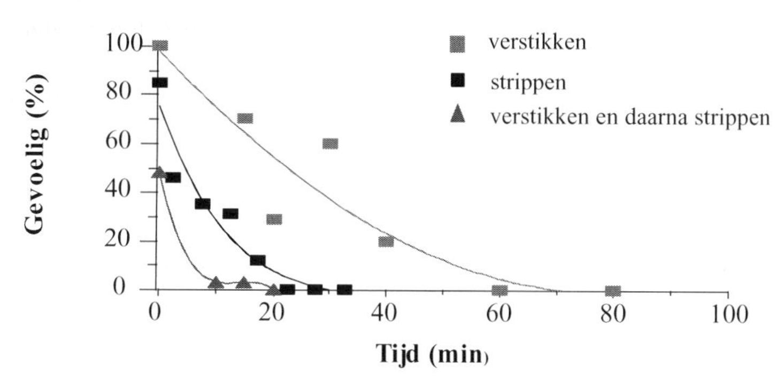

Figuur 3. Effect van verstikken aan de lucht, strippen, en een combinatie daarvan op op zee gevangen haringen, kabeljauwen en wijtingen.

waren. Dit werd vastgesteld op basis van het ontwikkelde protocol voor de gedragsobservaties.[28] Bij het strippen en de combinatie van verstikken en strippen werd willekeurig een aantal vissen uit de vangsten genomen.

Een combinatie van laten stikken in de lucht (gedurende 7-20 minuten) en daarna strippen van deze vissen leidde mogelijk niet tot het onmiddellijk intreden van de bewusteloosheid. Het bleek wel eerder te leiden tot het verlies van de gevoeligheid, vergeleken met alleen strippen.

Dodingsmethoden en vleeskwaliteit

Metingen aan de gerookte paling lieten zien dat gebruik van stroom in combinatie met stikstofgas positieve effecten heeft op de kwaliteit van het uiteindelijke product. Er traden geen bloedingen of andere beschadigingen van het vlees op. De versheid van heetgerookte filets van op deze manier gedode paling bleek meetbaar beter dan die van palingen die levend in het zout waren ontslijmd. Versheid wordt onder meer beoordeeld aan de hand van het gehalte energiedragers in het spierweefsel. Dit gehalte bleek bij de met elektriciteit en stikstofgas gedode palingen beduidend hoger te zijn. De nieuwe methode bleek het vochtgehalte van het product niet te verlagen. Een verlaging duidt op gewichtsverlies en dat is voor de industrie ongewenst.[29] Elektrisch bedwelmen in combinatie met gebruik van stikstofgas is voor de paling een praktisch haalbare en welzijnsvriendelijke procedure, die bovendien bijdraagt aan de kwaliteit van het eindproduct.

Voor de Atlantische zalm en de goudbrasem bleek dat het bedwelmen van de vissen, door het toedienen van een klap op de kop met een mechanisch instrument, een productkwaliteit opleverde die gelijkwaardig was met de gebruikelijke methoden, respectievelijk koolzuurgas in combinatie met verbloeden en onderkoelen in ijswater.[30]

Conclusies

Samenvattend kan er worden geconcludeerd dat er de laatste jaren steeds meer aandacht wordt geschonken aan het welzijn van vissen, met name aan de methoden van bedwelmen voorafgaand aan het doden van vis. Het bedwelmen van vissen wordt in de industrie nog niet overal op grote schaal toegepast. Vanuit het oogpunt van dierenwelzijn beschouwd is er daarom sprake van een ongewenste situatie. Het welzijnsvriendelijk doden van vissen blijkt een haalbare kaart voor de praktijk. Het gebruik van een methode die de palingen onmiddellijk bedwelmde, zonder dat ze weer bijkwamen, leverde een verbetering van de productkwaliteit op.

Dankwoord

Het onderzoek werd gefinancierd door de Europese Unie, contracten FAIR CT97-3127 en QLK 1ct 2000-51214, en het Ministerie van Landbouw, Natuurbeheer en Visserij.

[28] Kestin *et al.*, noot 27.
[29] Morzel & Van de Vis, noot 18.
[30] Van de Vis *et al.*, noot 14.

Het doden van dieren die als schadelijk worden aangemerkt (ongediertebestrijding)

Ir. J.T. de Jonge, Kennis- & Adviescentrum Dierplagen, Wageningen

Inleiding

Bij de ongediertebestrijding wordt men geconfronteerd met een probleem met dierplagen dat zo spoedig mogelijk moet worden opgelost. Voor de oplossing van dit probleem staan een bestrijdingstechnicus diverse mogelijkheden ter beschikking, maar uiteindelijk zal het ook vaak nodig zijn dat de overlast veroorzakende dieren worden gedood. Daarbij maakt het nogal wat uit welke situatie zich in de praktijk voordoet en om welke diersoort het gaat. Het is daarom goed allereerst te definiëren wat onder ongedierte moet worden verstaan.

Definitie

Een ongediertebestrijder ofwel een bestrijdingstechnicus is iemand die in en rond gebouwen optreedt als er zich problemen voordoen met diersoorten, die bijvoorbeeld schadelijk zijn voor de volksgezondheid of voor de bezittingen van de mens. Als definitie wordt hier het volgende aangehouden:

"Onder ongedierte wordt verstaan alle diersoorten, die het milieu dan wel de gezondheid of veiligheid van de mens en zijn huisdieren, direct of indirect bedreigen en tevens alle diersoorten die schadelijk zijn voor de mens, zijn huisdieren en zijn goederen en alle diersoorten, die in grote aantallen voorkomend, hinder veroorzaken."[1]

Een bestrijdingstechnicus houdt zich dus niet bezig met diersoorten die schade toebrengen aan planten, struiken en bomen. Dat valt onder het terrein van de land- en tuinbouw en daarvoor is een geheel andere specialiteit vereist. Men heeft daar ook met een veelheid van diersoorten te maken zoals diverse insectensoorten en vaak gaat het om grote oppervlakken waarop men een bestrijding moet uitvoeren.

Voorbeelden van ongedierte

Om een indruk te geven van de diersoorten waar het bij de dierplaag bestrijding om gaat, volgt hier een kleine opsomming. Men moet daarbij vooral denken aan diersoorten die zich ophouden bij voorraden voedingsmiddelen in en rond gebouwen. Zo zijn er naaktslakken die in woningen slijmsporen achterlaten, pissebedden die zich rond de woning onder stenen en houtblokken ophouden en soms bij veranderende leefomstandigheden een gebouw binnendringen. Een veelheid van insectensoorten zoals oorwormen, tuinmieren, limonadewespen, kakkerlakken, vlooien, steekmuggen, enz. kan overlast veroorzaken in woningen en andere gebouwen. De lijst is bijna eindeloos uit te breiden. Gedacht kan ook

[1] Deze definitie wordt gehanteerd door de Werkgroep Ontwerp wet ongediertebestrijding, Ministerie van VROM. Volgens Van Dale staat 'ongedierte' voor 'schadelijk gedierte'.

worden aan spinnen en mijten die overlast bezorgen, ja zelfs vogels als duiven en mussen kunnen zo hinderlijk zijn dat wordt gevraagd om een bestrijding van deze diersoorten. Tot slot van deze opsomming zijn er nog knaagdieren als ratten en muizen die afkomen op voedsel(resten), afval en diervoer in en nabij woningen, pakhuizen, schuren, stallen, etc.

Dierplaag bestrijding

Eigenlijk gaat het bij de dierplaag bestrijding om diersoorten die op het verkeerde moment in te grote aantallen op de verkeerde plek voorkomen. En hoewel een aantal van deze diersoorten wel degelijk ook een nuttige functie heeft, is de mens dan toch al gauw geneigd om ze uit te roeien. Nu kan men daar zeker niet klakkeloos toe overgaan. Sommige van deze diersoorten zijn namelijk ingevolge de van kracht geworden Flora- en faunawet (1998) beschermd. Als men bijvoorbeeld last heeft van vleermuizen dan mag men deze absoluut niet zomaar doden. Als het om ratten en muizen gaat komt er echter wel een moment dat de overlast zo groot is dat er maatregelen genomen moeten worden. En dan treedt de bestrijdingstechnicus op. Een groot deel van de bevolking denkt dat dan meteen de bestrijdingsmiddelen uit de kast komen om de dieren te vergiftigen via giftig lokaas of door ze dood te spuiten. Dat is echter niet het geval.

Ongediertebestrijding wordt tegenwoordig wel aangeduid als Integrated Pest Management (IPM). Deze term is ontwikkeld in de landbouw maar wordt de laatste jaren ook bij de dierplaagbestrijding gebruikt. De filosofie achter dit management houdt in dat alle mogelijkheden om een dierplaag te beëindigen worden aangewend en dat niet uitsluitend wordt vertrouwd op de toepassing van biociden (chemische bestrijdingsmiddelen). Daarvoor is een grondige kennis van de biologie van de betrokken diersoort nodig, zodat men weet waar de dieren zich graag ophouden, wat ze eten, onder welke omstandigheden ze zich vermeerderen en waardoor ze verjaagd kunnen worden. Pas in een laatste stadium komen de bestrijdingsmiddelen om de hoek kijken. En dan geldt nog dat de deskundigen daarvan zo weinig mogelijk toepassen. Uitgangspunt bij het gebruik van bestrijdingsmiddelen is dat de toegepaste hoeveelheden zoveel mogelijk worden beperkt, om uiteindelijk toch nog een goed bestrijdingsresultaat te bereiken. Door vooral veel aandacht te besteden aan de wering kan het gebruik van biociden tot een minimum worden beperkt. En dan geldt bovendien ook nog dat de minst giftige bestrijdingsmiddelen worden toegepast, teneinde schadelijke nevenwerkingen zoveel mogelijk te voorkomen.

Het doden van dieren

Uiteindelijk gaat de bestrijdingstechnicus toch over tot de toepassing van biociden. Daardoor worden dieren gedood en de vraag die in het kader van dit symposium aan de orde wordt gesteld, is of dit doden toelaatbaar is of niet. Heiligt het doel de middelen of zouden we als maatschappij vaker genoegen moeten nemen met de aanwezigheid van dierplagen in onze directe leefomgeving?

Door de hier gehanteerde definitie van ongedierte wordt eigenlijk reeds impliciet het antwoord op deze vraag gegeven. En als we denken aan het doden van een schurftmijt dan zullen weinig mensen nog kritische vragen stellen bij een behandeling van de patiënt waardoor deze mijten worden gedood. Niet altijd ligt de situatie echter zo duidelijk. Moeten bijvoorbeeld alle wespennesten worden uitgeroeid omdat veel mensen nu eenmaal bang zijn om gestoken te worden? Moeten we dan niet eerst nut en schade beter tegen elkaar afwegen?

Het uitroeien van de schurftmijt zal op weinig weerstand stuiten, maar als we campagnes starten om de malariamug in geheel Afrika uit te roeien, is dan nog steeds iedereen het volledig daarmee eens?

De vraag of het is toegestaan om ongedierte in het uiterste geval te doden zal naar mijn mening door vrijwel iedereen bevestigend worden beantwoord. Bij de afweging tussen het welbevinden van de mens en de dood van het ongedierte geeft het welbevinden van de mens meestal de doorslag.

Religieuze onderbouwing

Volgens de bijbel is bij de schepping van hemel en aarde de mens aangesteld tot rentmeester over de schepping. De mens heeft de opdracht gekregen om de dieren namen te geven en om de aarde te bebouwen en te besturen. De mens is boven de dieren gesteld en mag de dieren doden als dat om een verantwoorde reden noodzakelijk is. Verder mag de mens bijvoorbeeld eten wat de schepping aan dierlijke organismen oplevert. Daarnaast mag de mens ook de aantallen reguleren. Hieruit volgt dat ook dierplaag soorten mogen worden gedood. Niet omdat de mens daar plezier aan beleeft maar omdat het bouwen en bewaren van de schepping daarbij voorop staat.

Verschil tussen zoogdieren en geleedpotigen

Naarmate dieren dichter bij de mens staan, dient des te nauwkeuriger te worden nagegaan of het doden van deze dieren wel verantwoord is. Bij zoogdieren ligt dit gevoeliger dan bijvoorbeeld bij slakken of pissebedden. Voorheen toegepaste methoden om ongedierte te doden zijn thans ethisch ontoelaatbaar (lijmplanken voor vogels en knaagdieren). Als deze dieren dan toch moeten worden gedood, dan het liefst zo snel mogelijk en zodanig dat de dieren daar naar verhouding weinig onder te lijden hebben.

Bestrijdingstechnici hebben over het algemeen, zo is mij gebleken, gevoel voor de eerder genoemde aspecten. Het zijn geen mensen die niets liever doen dan het doden van dieren. Nee, ze wenden hun vakkennis graag aan voor een solide oplossing van het ongedierteprobleem, waarbij ze pas in laatste instantie biociden toepassen. Bestrijdingstechnici zijn veelal mensen die houden van hun vak en die met liefde spreken over de diersoorten die overlast veroorzaken. Zelfs een kakkerlak blijkt namelijk bij nadere beschouwen een heel mooi dier te zijn, dat zich voortreffelijk aanpast aan de leefomstandigheden in bijvoorbeeld een grootkeuken. Een rat of en muis is een intelligent beest, dat het de bestrijder soms best moeilijk kan maken om aan de overlast een einde te maken.

Conclusie

Bestrijdingstechnici hebben beroepsmatig te maken met het doden van dieren. Daarbij maakt het een groot verschil of er geleedpotigen worden gedood of dat het om zoogdieren gaat. Als het vakgebied zich echter laat leiden door de filosofie van de Integrated Pest Management, en dat is meer en meer het geval, dan zal het doden van dieren minder aanleiding geven tot het stellen van kritische vragen. Teneinde u als congresgangers in het bijzonder en de buitenwereld in het algemeen nog enige stof tot overpeinzing te geven sluit ik hierbij af met een viertal stellingen.

Stellingen

1. In de Bestrijdingsmiddelenwet is naar mijn oordeel terecht als voorwaarde voor toelating opgenomen dat een nieuw middel niet meer lijden mag veroorzaken voor de te bestrijden diersoorten dan de bestaande middelen. Bij het doden van bijvoorbeeld ratten en muizen zou men dan ook moeten zoeken naar bestrijdingsmiddelen die een pijnloze dood tot gevolg hebben. De tot op dit moment toegepaste anticoagulantia (bestrijdingsmiddelen die een bloedverdunnende werking hebben) voldoen zeker niet aan dit criterium.

2. Er is geen absolute regel die het doden van dieren verbiedt. Ongedierte mag worden gedood als daar een noodzaak voor is, als nut en schade tegen elkaar worden afgewogen en als het op een verantwoorde wijze wordt uitgevoerd.

3. Ook wanneer men moet overgaan tot het doden van insecten moet men zoeken naar alternatieve benaderingen die dit doden overbodig maken. Dit zou wettelijk verplicht moeten worden gesteld.

4. Men moet ongediertebestrijders verplichten om, voordat ze overgaan tot het doden van dieren (welke dan ook), na te gaan of er geen alternatieve benaderingen mogelijk zijn.

Het euthanaseren van dierentuindieren: in spagaat tussen ethiek, emotie en praktijk

Prof. dr. M.Th. Frankenhuis, Directeur Artis Zoo, Amsterdam

Inleiding

Honderdduizend jaar *Homo sapiens* lijkt niets te hebben veranderd aan de eeuwig durende fascinatie van ónze soort voor de overige. Dierschilderingen uit de grotten van Dordogne, de Egyptische piramiden en afbeeldingen op de rotswanden van het oude Palestina laten zien dat de band van de mens met het dier reeds vele tienduizenden jaren uitermate hecht is. Het dier fungeert als jachtbuit voor ons of wij zijn een prooi voor hem. Boeiend is vooral de rol van het dier in ons religieuze leven. In de afgelopen eeuwen vonden tienduizenden gemummificeerde katten, reptielen en vogels afkomstig uit geplunderde koningsgraven uit het oude Egypte hun weg naar apotheken, rariteitenkabinetten en musea. Uit de heraldiek zijn leeuw en arend niet meer weg te denken.

Het dier levert ons kleding, voedsel en vermaak. Over het dragen van leren schoeisel doen we niet moeilijk en natuurlijk moet er ook worden gegeten. Maar of de Schepper hierbij tevens het dragen van modieuze bontmantels met tassen van slangenleer, het eten van kaviaar en zangvogels en het houden van statusverhogende exotische dieren voor ogen had, mag ernstig worden betwijfeld. In ieder geval is het gebruik van dieren voor barbaarse vormen van vermaak als katknuppelen, palingtrekken en gansslaan gelukkig reeds lang verleden tijd. De plezierjacht en sportvisserij kent zo zijn voor- en tegenstanders, maar bestaat er overlast dan treden we meedogenloos op.

Over de verdelging van vliegen, muggen, kakkerlakken en bladluizen liggen we dan ook geen seconde wakker. Ratten en muizen gaan ook nog als we de doodsstrijd maar niet hoeven aan te zien en de lijkjes niet hoeven op te ruimen. De bestrijding van overlast ten gevolge van koerende en kakkende stadsduiven en lawaaiige zwerfkatten veroorzaakt aanzienlijk meer emoties wanneer ons wasgoed en balkon worden vervuild of we 's nachts enkele uren door krolse buurtkatten worden wakker gehouden.

Voedingsmiddelen van dierlijke oorsprong als vlees, melk en eieren gaan er in als koek als we er maar voor zorgen absoluut onwetend te blijven ten aanzien van de moderne houderijsystemen, veetransporten en slachterijpraktijk. We kennen dus wel degelijk bepaalde gevoelens als het om het welzijn van onze dieren gaat. Maar onderscheid blijft. Samengevat: er bestaan dus - mits bepaalde 'normen' in acht worden genomen - geen bezwaren bestaan tegen het doden van dieren voor voedsel en in geval van overlast.

Dierentuin en mens

Reeds vroeg in de geschiedenis vinden we voorbeelden van voorlopers van de hedendaagse dierentuinen. Het bekendst zijn natuurlijk de Romeinse circussen en de zoölogische collecties uit het antieke China, Midden Amerika en Egypte.

Ook in de Lage Landen vinden we al voor het ontstaan van Artis in 1838, collecties van exotische dieren bij de voorouders van ons Vorstenhuis op het Oude Loo, de graven van

Holland en de hertog van Gelre. Vele grote Europese steden waren in het bezit van berenkuilen of een zwaar getralied onderkomen voor leeuwen. De privé dierentuin van de Habsburgers in het Weense Schönbrunn heeft de laatst regerende telg ruimschoots overleefd. Rondtrekkende menagerieën doorkruisten Europa en presenteerden zich op jaarmarkten en kermissen.

De eerste echte publieke dierentuin in Europa is vermoedelijk het etablissement van Blaauw-Jan op de Kloveniersburgwal, waar rond 1700 tegen betaling een aardig assortiment aan exotische dieren kon worden bewonderd. Het zuivere denken over taken en doelstellingen lag vermoedelijk nog ver weg. De term "ter leringhe ende vermaeck" werd weliswaar reeds gebezigd maar de indruk bestaat, dat het accent sterk op het vermaeck lag.[1]

De functie van hedendaagse culturele instellingen als musea en dierentuinen is het verzamelen ten behoeve van de collectie, alsmede het conserveren, restaureren, beheren en instandhouden van die collectie. Echter, zowel dieren als planten zijn objecten die, hoe goed ook beheerd, onvruchtbaar kunnen zijn dan wel zich om andere redenen niet vermeerderen, verouderen en doodgaan. Aanvulling uit het wild is in vele gevallen niet mogelijk, te kostbaar dan wel niet verantwoord. Uitwisseling van dieren tussen dierentuinen vindt veelvuldig plaats, dikwijls onder begeleiding van stamboekhouders of in het kader van internationale fokprogramma's.

Duidelijk moge zijn, dat vooral in de dierentuinwereld een sterk besef is gegroeid, dat het behoud van onze fauna en flora - zowel *in situ* als *ex situ* een hoofdtaak dient te zijn. Niet alleen zijn dierentuinen uitermate belangrijke instrumenten om een stuk bewustwording te doen ontstaan ten aanzien van onze leefomgeving, ook zijn zij in toenemende mate actief in natuurbeschermingsprojecten, zowel op het eigen continent als in de Derde Wereld.[2]

Beheer van de levende have

Beheer van de levende have omvat niet alleen het in leven houden van de objecten, doch ook de vermeerdering en vernieuwing ervan. Voor een zoölogische collectie betekent dit het verkrijgen van:

- populaties die een maximum aan erfelijke variatie in zich verenigen,
- nakomelingen die lichamelijk en geestelijk gezond zijn,
- dieren welke een soortspecifiek gedrag vertonen,
- welke op hun beurt weer tot voortplanten in staat zijn.

Het streven is om het ontstaan van ongewenst surplus te voorkomen. Het fokken van dieren in dierentuinen geschiedt dan ook alleen om de eigen collecties en die van gerenommeerde collega-dierentuinen in stand te houden. Aanvulling uit het wild is niet gewenst en in de meeste gevallen niet mogelijk. Onder ongewenst surplus wordt verstaan, die categorie nakomelingen die niet nodig is voor het instandhouden van de eigen collecties en die niet

[1] J.G. Nieuwendijk, *Zoo was Artis - zo is Artis*. J.H. De Bussy N.V. Amsterdam 1970; J.G. Nieuwendijk, C. Hekker & B.M. Lensink, Dierentuinen in Holland. *Holland: Regionaal Historisch Tijdschrift* 20 (1988) nr. 4-5; P. Smit, *ARTIS, een Amsterdamse tuin*. Rodopi, Amsterdam 1988.

[2] M.Th. Frankenhuis & J.H. van Weerd, Artis Zoo City Savannah. *Proceedings World Zoo Organisation* 54 (1999) 72-74.

door andere vertrouwde dierentuinen wordt gevraagd ter aanvulling van de eigen collectie. Het leveren van een bijdrage tot het instandhouden van bedreigde diersoorten in het kader van internationale fokprogramma's speelt bij het fokbeleid een belangrijke rol. Soms worden op verzoek van natuurbeschermingsorganisaties nakomelingen gebruikt ten behoeve van projecten gericht op de herintroductie van dieren in de vrije natuur (steenbokken, wisenten, lammergieren). In principe zijn alle nakomelingen dus gewenst en vinden alle een gecontroleerde en geplande bestemming.

Het fokken van dieren ter verhoging van de attractiewaarde van het park is absoluut geen punt van discussie en wordt niet gedaan. Maar voortplanting ten behoeve van de geestelijke en lichamelijke gezondheid van de dieren én ter stimulering van het natuurlijk gedrag van de ouderdieren wordt overwogen. Het krijgen en verzorgen van nakomelingschap wordt namelijk bij sommige zoogdiersoorten als een belangrijke vorm van gedragsverrijking gezien, nodig voor een normaal functioneren. Bij enkele koudbloedige dieren leidt het verhinderen van het doorlopen van een normale voortplantingscyclus vaak tot ongewenste vervetting, kuitverharding, legnood en eileiderontsteking.

Surplus wordt eerst in Europees verband door middel van ruillijsten aangeboden aan collega-dierentuinen, waarbij participeren in fokprogramma's, gericht op het instandhouden van bedreigde soorten, een hoofdrol speelt. In zeldzame en soms onvermijdbare gevallen (voornamelijk bij vissen) moet regelmatig nog een beroep worden gedaan op de betrouwbare handel of geselecteerde particulieren.

Bij zoogdieren kan gemakkelijk ongewenst surplus ontstaan. Daarom ontvangen vrijwel alle vrouwelijke grote katachtige roofdieren hormonale anticonceptie, zijn sommige dieren chirurgisch gesteriliseerd of worden van andere zoogdieren de seksen tijdelijk van elkaar gescheiden. In enkele groepen hoefdieren is het moeilijk om de geslachten tijdelijk te scheiden en is daarom ongewenst (vooral mannelijk) nakomelingschap soms onvermijdbaar. Incidenteel kunnen mannelijke nakomelingen geplaatst worden in zogenaamde mannengroepen. Voor de vrouwelijke dieren is vrijwel altijd afzet. In die zeldzame gevallen, waarin voortplanting in de praktijk niet kan worden verhinderd, wordt het leven van de niet af te zetten mannelijke nakomelingen nog voor het bereiken van het eerste levensjaar pijnloos beëindigd. Een en ander is geheel in lijn met de Ethische Code van de Nederlandse Vereniging van Dierentuinen (NVD). Deze luidt: Wanneer dieren binnen de collectie geen geëigende plaats meer kan worden geboden noch volgens de *NVD Code Diertransacties* (2000) elders kunnen worden ondergebracht, valt euthanasie te prefereren boven plaatsing elders dan wel boven het niet geboren laten worden. Bij vogels is er eigenlijk nauwelijks een surplusprobleem. Als een overschot dreigt, worden de eieren geschud. Is een dierentuindier ernstig ziek of gewond en is er geen kans op herstel, dan wordt de patiënt geëuthanaseerd. Hetzelfde gebeurt in geval van hoge ouderdom, vooral als er sprake is van ernstig lijden.

Wanneer en hoe euthanaseren?

Vanzelfsprekend krijgen dierentuindieren dezelfde medische aandacht als onze landbouwhuisdieren en gezelschapsdieren. Probleem is evenwel dat de kennis van en ervaring met exotische dieren absoluut beneden ons kennis- en ervaringsniveau op het gebied van huisdieren ligt. Verder zal duidelijk zijn dat exotische dieren zelden de makheid van onze gedomesticeerde huisgenoten bezitten en daardoor ruimschoots aanspraak maken op de kwalificatie: non-coöperatieve patiënt. Het resultaat is een dier onder onze hoede dat moeilijk is te benaderen en te onderzoeken, waarvan we een relatief geringe kennis bezitten in relatie tot gedomesticeerde dieren en dat bovendien de opmerkelijke neiging lijkt te hebben, zijn of haar kwalen te verbergen voor de buitenwereld. Klinisch onderzoek gebeurt daarom veelal aan een 'patiënt op afstand', in stressvolle omstandigheden gefixeerd of medicamenteus verdoofd. De waarde van veel klinisch onderzoek is daarom gering. Veel medische ingrepen, die in de reguliere diergeneeskundige praktijk geen probleem vormen, omdat de patiënten dagelijks kunnen worden verzorgd en gemedicineerd, zijn natuurlijk vaak niet mogelijk in het geval van exotische dieren. Bovendien, in de dagelijkse praktijk zien we vaak dat een dier het ene moment nog te weinig lijkt te mankeren om lichamelijk te onderzoeken, en de dag daarna reeds in een te ernstige toestand verkeert om het bloot te stellen aan de risico's van een verdoving of andersoortige immobilisatie.

Het beheer van de Levende Have in dierentuinen kent dus een aantal specifieke problemen, waardoor vermoedelijk vaker een dier uit zijn of haar lijden moet worden verlost dan het geval is in de (landbouw)huisdierenpraktijk. Om de ernstig zieke, zwakke en gewonde patiënt, en óók het niet herplaatsbaar en uit de groep gestoten (groeps)dier onnodig lijden te besparen wordt - indien geen andere oplossingen voorhanden zijn - euthanasie niet geschuwd. Dit geschiedt altijd in overleg met alle betrokkenen. In de meeste gevallen wordt het dier eerst verdoofd met een van de vele beschikbare injiceerbare en / of inschietbare middelen, waarna een euthanasiemiddel volgt. Is het dier erg ziek en zonder gevaar benaderbaar dan wordt rechtstreeks een euthanasiemiddel toegediend. In veel gevallen - bij voorbeeld als bij een groot of gevaarlijk dier ten gevolge van een ongeluk een poot is verbrijzeld, een nek gebroken of de buikholte is geopend - is vuurwapengebruik te prefereren; de dood treedt sneller in, een geweer is sneller geladen dan een verdovingsgeweer en het dier lijdt minder omdat het niet meer tijdens het in narcose gaan omvalt en weer overeind krabbelt. Bovendien - zeker in het geval van een groter hoefdier - is schieten beter omdat het kadaver dan nog kan worden opgevoerd aan de roofdieren en aaseters.

Soms is euthanasie onvermijdelijk in geval van grote ruimte behoefte voor het fokprogramma van een bepaalde bedreigde diersoort gecombineerd met de aanwezigheid van een overmaat aan onvruchtbare en overtollige dieren (genetische over vertegenwoordiging in de populatie). Het surplus aan hoefdieren wordt pijnloos gedood en komt de roofdieren ten goede. Een heel kadaver met alle ingewanden is kwalitatief superieur boven een kluifje met wat vlees en bovendien voor de dieren een opwindende gedragsverrijking, die het natuurlijk gedrag stimuleert. En een landbouwhuisdier hoeft er het leven niet voor te laten.

De insecten, welke bij gelegenheid als (ongewenst) surplus ter wereld komen, kunnen als voedsel dienen voor andere dieren. Een deel van de kweek van de lagere dieren (sprinkhanen, krekels, meelwormen) is voor dit doel opgezet. Het voeren van dit soort levende dieren is algemeen geaccepteerd en geeft zelden aanleiding tot negatieve reacties. Ook hier worden de dierentuinen geleid door de NVD Ethische Code: Dierentuinen vermijden het voederen van levende, actief predator mijdende voederdieren. Muizen en ratten worden meestal in overleden vorm aangeboden aan hun predatoren, levend voeren is veelal juist voorbij de grens van wat de meeste mensen emotioneel aan kunnen. Over levende dwerggeiten wordt natuurlijk niet eens nagedacht. Hetzelfde geldt voor gorilla's die een natuurlijke dood zijn gestorven.

Deel 3

Workshops over de rechtvaardiging van het doden van dieren in specifieke 'dierenpraktijken'

Inleiding

In dit boek over de maatschappelijke en ethische aspecten van het doden van dieren staat de vraag centraal hoe het doden van dieren moreel wordt gerechtvaardigd en wanneer en waarom het beëindigen van dierenlevens op maatschappelijke weestand stuit. Deze vragen kwamen nadrukkelijk aan de orde in vijf workshops, waarin gediscussieerd werd over de aanvaardbaarheid en rechtvaardiging van het doden van dieren in specifieke 'dierenpraktijken':

1. Het doden van dieren in de veehouderij
2. Het doden van gezelschapsdieren en recreatiedieren
3. Het doden van proefdieren
4. Het doden van vissen, schadelijke dieren en in het wild levende dieren
5. Het doden van dieren in dierentuinen

Het doel van deze workshops was om inzicht te krijgen in opvattingen over en rechtvaardigingsgronden voor het doden van dieren in de bovengenoemde dierenpraktijken. In deel 3 van dit symposiumboek wordt verslag gedaan van de discussies in de vijf workshops. Voorafgaand aan de workshops werden voordrachten gehouden door enkele sprekers, die beleidsmatig of anderszins betrokken zijn bij de problematiek rond het doden van dieren in de betreffende dierenpraktijken. Deze voordrachten, die in deel 2 van dit symposiumboek zijn opgenomen, dienen tevens als inleiding op de workshops. De voordrachten en de stellingen die de inleiders ten behoeve van de discussie hadden geponeerd, speelden dan ook een belangrijke rol in de workshops. In de verslagen van de workshops is vermeld wie voor de betreffende thema's de 'inleiders' waren. De verslagen van de workshops moeten dan ook worden gelezen in samenhang met de voordrachten van de inleiders.
Het symposium werd afgesloten met een 'epiloog' door dr. Frans W.A. Brom, die als ethicus is verbonden aan het Centrum voor Bio-ethiek en Gezondheidsrecht van de Universiteit Utrecht. In zijn bijdrage, waarmee dit boek wordt afgesloten, blikt Brom terug op het symposium en de workshops en zet hij uiteen wat de studiedag heeft opgeleverd. Van daaruit schetst hij enkele lijnen waarlangs de maatschappelijke discussie over het doden van dieren zich verder zou kunnen ontwikkelen.

Workshop 1:
Het doden van dieren in de veehouderij

Forum

Workshopleider:	*Mw. prof. dr. E.N. Noordhuizen-Stassen, Hoofdafdeling Dier & Maatschappij, Faculteit der Diergeneeskunde, Universiteit Utrecht*
Inleider thema:	*Dhr. S.J. Schenk, LTO-Nederland*
Rapporteur:	*Dr. P.A. Koolmees, Hoofdafdeling Volksgezondheid & Voedselveiligheid, Faculteit der Diergeneeskunde, Universiteit Utrecht*
Aantal deelnemers:	*58*

Inleiding

In haar inleiding stelde prof. Noordhuizen-Stassen dat het doel van deze workshop was om een inventarisatie te verkrijgen van de rechtvaardigingsgronden voor het doden van dieren in de veehouderij. Gezien de diverse achtergronden van de deelnemers verwachtte zij een levendige discussie. Verder benadrukte zij dat in de gedachtewisseling vooral argumenten in plaats van emoties de boventoon zouden moeten voeren. In deze workshop over het doden van dieren in de veehouderij werd gediscussieerd aan de hand van drie stellingen:

1. Het is mogelijk van dieren te houden en ze vervolgens toch te doden.
2. Het euthanaseren van zieke dieren is dierenliefde.
3. De reden voor het doden van dieren bepaalt de acceptatie ervan.

Stelling 1:
Het is mogelijk van dieren te houden en ze vervolgens toch te doden

Deze stelling ontlokte zowel positieve als negatieve reacties. Aanvankelijk spitste de discussie zich toe op de formulering van de stelling, in het bijzonder op de definitie van ‘houden van’ in dit verband. Een veehouder die economisch afhankelijk is van de door hem gehouden dieren houdt op een andere manier van zijn dieren dan een houder van hobbydieren. Ter illustratie werd hierbij het clichévoorbeeld van het kerstkonijn van stal gehaald. Een kind kan veel van zijn thuis gehouden lievelingskonijn houden; als een volwassene voorstelt om het te slachten, ontstaat er een groot probleem. Vertegenwoordigers uit de sector stelden dat bij een boer een adequaat ondernemerschap voorop staat. De beleving van het doden van slachtdieren is bij de veehouder anders dan bij de burger; als ondernemer neemt een boer hierover makkelijker een besluit. Naar aanleiding hiervan werd de vraag gesteld of ‘houden van’ voor de veehouder gelijk staat aan economische bruikbaarheid. Of meer algemeen: om welke redenen houden veehouders eigenlijk van hun dieren?

Vertegenwoordigers uit de veehouderijsector stelden dat het duidelijk is dat voor hen het economisch belang de voornaamste drijfveer is om dieren te (laten) doden. Veehouders voelen zich verantwoordelijk voor hun dieren en zorgen over het algemeen goed voor hun dieren, ook al gaan zij aan het eind van de lactatie- of mestperiode naar het slachthuis. Boeren gaan graag met dieren om; het doden van dieren is voor hen evenwel een vanzelfsprekend onderdeel van de 'boerencultuur'. Dit laatste geldt niet voor het doden in het kader van de dierziektebestrijding, hetgeen als een externe factor in de normale verhoudingen interfereert. In Nederland zijn 30.000 melkveehouders actief. Bij hen is de beleving van het doden van dieren bij de gewone slacht anders dan bij de verplichte ruimingen die door de (internationale) overheid worden opgelegd.

Enkele dierenartsen en veehouders merkten op dat de relatie van boeren tot hun dieren niet louter is gebaseerd op het economische belang. Tijdens de ruimingen in het kader van de recente uitbraak van mond- en klauwzeer (MKZ) en ook op bedrijven waar BSE werd geconstateerd, hadden veehouders en hun gezinnen grote emotionele problemen bij het verplichte afscheid van hun dieren.

Andere deelnemers vonden de stelling met betrekking tot productiedieren in de intensieve veehouderij tamelijk hypocriet en vonden het te ver gaan om te stellen dat boeren van hun dieren hielden. Sommigen waren van mening dat je als veehouder niet van dieren hoeft te houden. Je kan simpelweg graag dieren willen verzorgen, zonder van ze te houden. Verder werd gewezen op de betekenis van de verschillende dieren voor mensen. Boeren zouden wel op een speciale affectieve manier van hun eigen huisdieren zoals katten, honden, dwerggeiten, postduiven etc. houden, maar niet van hun productiedieren. Een uitzondering hierop vormen de zogenaamde favoriete koeien op melkveebedrijven; die worden langer aangehouden en extra verwend. Maar een hond of een kat als huisdier is toch heel anders dan een varken of een kip, want hoe kun je nou van 5.000 kippen of varkens houden?

In de discussie bestond overeenstemming over het feit dat slachtdieren op een technische manier 'humaan' gedood moesten worden. Hierbij kwam ook het verschil in levensverwachting tussen mensen en dieren ter sprake. Er is geen wetenschappelijk bewijs dat dieren dergelijke gevoelens zouden hebben. Opgemerkt werd dat het daarom feitelijk voor de dieren zelf geen verschil uitmaakt of ze na de gebruikelijke omloopsnelheid van zes weken (vleeskuikens), zes maanden (slachtvarkens) of zes jaar (melkkoeien) of later in hun leven worden gedood. De ethische vraag of het verantwoord is om de omloopsnelheid in de productieketen steeds maar op te voeren betreft meer het welzijn en de intrinsieke waarde van de productiedieren en staat betrekkelijk los van het doden van dieren in strikte zin.

Tengevolge van het op grote schaal doden van gezonde dieren in het kader van de MKZ bestrijding ontstond grote maatschappelijke weerstand. Deze richtte zich vooral op het rigide non-vaccinatiebeleid van de Europese Unie (EU), waarbij handelsmotieven de boventoon voeren. Onder de deelnemers bestond consensus over het feit dat het huidige EU-beleid in Brussel ter discussie moet worden gesteld, omdat dit volgens hen niet meer past in een moderne samenleving. In het verlengde daarvan werd de vraag naar voren gebracht of het geen tijd wordt om in onze maatschappij het economisch belang van de intensieve veehouderij nog langer boven dat van het welzijn van productiedieren te stellen. Waarom moeten we in Nederland en België doorgaan met het produceren van drie keer zoveel varkens dan nodig is ter dekking van de eigen consumptie? Dit is nu een historisch gegeven omdat de EU in het verleden had gekozen voor een beleid dat was gericht op kwantiteit in plaats van kwaliteit. Diverse deelnemers waren van mening dat het tegenwoordig niet gewenst is zoveel varkens in dichtbevolkte landen te houden.

In het kader van deze stelling werd ook de nodige aandacht gevraagd voor de ethische aspecten. Volgens sommigen is het doden van dieren de laatste jaren een algemeen ethisch vraagstuk geworden; het betreft de morele ontwikkeling van ons allemaal. Is het moreel wel verantwoord om dieren te doden? Moet de eigenlijke vraag bij deze stelling dan niet zijn of het in onze maatschappij nog wel geoorloofd en aanvaardbaar is om vlees te consumeren? Uiteindelijk is dit voor iedereen een persoonlijke afweging. Als het antwoord hierop positief is, is de consequentie dat je dieren moet doden. Dit dient dan wel op een 'humane' wijze te gebeuren.

Is het aanvaardbaar om een dier te doden als het niet bruikbaar meer is? Deze vraag werd zowel aan de aanwezige veehouders als dierenartsen voorgelegd. Opgemerkt werd dat in de veehouderij werkzame dierenartsen geneigd zijn de economische belangen van de sector te volgen. Op basis van welke gronden neemt een dierenarts het besluit een dier te doden; is daarbij sprake van het louter volgen van de wet zoals bij dierziektebestrijding of gaat het om een persoonlijke keuze na afweging van diverse belangen? Verder werd door een deelnemer gesuggereerd dat de dierenartsen als volgzame ambtenaren de ruimingen kritiekloos uitvoerden. Enkele dierenartsen benadrukten dat dit bepaald niet het geval was geweest. De ruimingen werden weliswaar uitgevoerd maar niet zonder commentaar. Zo werd er bijvoorbeeld door dierenartsen een demonstratie tegen het non-vaccinatiebeleid in Den Haag gehouden. Een andere dierenarts die bij het ruimen van dieren betrokken was geweest, antwoordde dat hij als veterinair van dieren hield. Het doden van gezonde dieren stond hem bepaald tegen, maar als dierenarts stond hij machteloos tegenover de opgelegde regels. Dankzij een goede communicatie met de veehouders en zorgvuldig veterinair handelen had hij geen problemen ondervonden. Andere dierenartsen onderschreven dit, maar gaven anderzijds toe dat bij de ruimingen ook fouten door medewerkers van de Rijksdienst voor de keuring van vee en vlees (RVV) zijn gemaakt.

De meerderheid deelde de mening dat de diersoort een belangrijke rol speelde bij het 'houden van'. Daarnaast werd opgemerkt dat niet alle boeren over één kam geschoren moeten worden. Bij melkveehouders speelt de massaliteit van het aantal productiedieren een minder belangrijke rol; zij gaan anders (persoonlijker) met hun dieren om dan varkens- en pluimveehouders. Benadrukt werd dat in verband met de enorme aantallen dieren die geslacht worden, het betrachten van zorgvuldigheid bij het doden van groot belang is. Dit is niet alleen nodig om afstomping en verruwing bij de slacht te voorkomen, maar ook bij de massale ruimingen in het kader van dierziektebestrijding omdat zich daarbij allerlei capaciteitsproblemen kunnen voordoen.

Naast positieve en negatieve associaties met 'houden van dieren' werd ook opgemerkt dat dit er eigenlijk weinig toe deed. Neutraal gezien zou het veel belangrijker zijn dat als we productiedieren - en overigens alle andere dieren - doden, dit op een (technisch) zorgvuldige manier moeten doen. Immers, voor het dier zelf maakt het geen verschil bij het doden of er al dan niet van wordt gehouden. Vanuit dit oogpunt heeft 'houden van' vooral betrekking op het mensbeeld dat de samenleving van de veehouder heeft. Voorgesteld werd om in de stelling 'houden van' te vervangen door 'respecteren'; dit zou de realiteit neutraler en juister weergeven. Dit werd beaamd door vertegenwoordigers uit de productiesector. Gesteld werd dat een veehouder weliswaar anders van zijn hond dan van zijn productiedieren houdt, maar als 'hoeder' wel degelijk het nodige respect voor zijn productiedieren heeft.

Stelling 2:
Het euthanaseren van zieke dieren is dierenliefde

Over deze stelling waren de meningen duidelijk minder verdeeld. Het werd als een morele plicht beschouwd om zieke dieren waaraan niets meer te doen valt te euthanaseren. Feitelijk zou hierbij geen onderscheid gemaakt moeten worden tussen de verschillende diersoorten. De praktijk blijkt echter weerbarstig. Zo blijven er in een koppel met duizenden varkens altijd wel enkele tussen lopen die vanwege hun slechte gezondheidstoestand eigenlijk afgemaakt zouden moeten worden. Het zou de taak van de dierenarts moeten zijn om dit te signaleren en uit te voeren.

Bij deze stelling werd verwezen naar de dierethicus Peter Singer die ten aanzien van het doden voor mens en dier dezelfde economische en morele factoren hanteert. Vanuit economisch oogpunt is het volgens hem de vraag of er wel veel aandacht moet worden besteed aan mensen die lange tijd in coma verblijven. Het zou beter zijn de aandacht op andere patiënten te richten. Voorts werd hierbij ingegaan op de vraag op basis van welke motieven er onderscheid gemaakt wordt tussen de verschillende diersoorten. Waarom wordt er bijvoorbeeld anders omgesprongen met een zieke kip dan met een ziek kalf? Volgens sommigen komt dit vooral door de ogen van de verschillende dieren en de uitdrukking daarin, waardoor zowel de houder van de dieren als de consument geroerd worden. Hoe dan ook, de verschillen tussen de houding van mensen ten aanzien van pluimvee, varkens en melkvee springen in het oog.

Ook bij deze stelling kwam het welzijn van dieren weer aan bod. Hoe komt het dat dieren in de intensieve veehouderij ziek worden? Met andere woorden: hoe kan voorkomen worden dat zieke dieren in deze sector moeten worden afgemaakt? Vertegenwoordigers uit de sector brachten naar voren dat er in de afgelopen jaren een duidelijk preventief beleid is ontwikkeld. De dierhouderijsystemen worden meer aangepast aan het dier in plaats van andersom en bedrijven worden zodanig ingericht dat dieren niet ziek worden. Euthanaseren van zieke dieren is voor de sector vanuit economisch oogpunt niet voordelig. De boer houdt dieren voor zijn brood maar gaat wel ethisch met zijn zieke dieren om.

Naast de veehouder zelf zouden ook andere partijen in de productiekolom, alsmede de consument zelf aan het welzijn van dieren kunnen bijdragen. Enkele dierenartsen wezen tenslotte op de veranderde werkwijze bij wrakke dieren en noodslachtingen. Twintig jaar geleden werd er om economische redenen veel meer gesleept met wrakke dieren en was het aantal noodslachtingen veel hoger dan nu. Tengevolge van de veranderde houding ten opzichte van dierenwelzijn (zieke dieren kunnen weldegelijk lijden) worden wrakke dieren tegenwoordig direct geëuthanaseerd.

Stelling 3:
De reden voor het doden van dieren bepaalt de acceptatie ervan

De discussie werd gevoerd aan de hand van vier redenen voor het doden van dieren:

1. Consumptie
2. Onvoldoende productie
3. Overbodige/ongeschikte dieren
4. Wettelijke regelingen

Sommige deelnemers hoopten dat de BSE- en MKZ-crises nu zouden leiden tot het besef dat we geen vlees meer moeten eten. Er zijn inmiddels voldoende alternatieven voor dierlijk eiwit voorhanden en de consument kan kiezen uit diverse vegetarische producten. Anderen brachten naar voren dat de consumptie van vlees een maatschappelijk gegeven is. De overgrote meerderheid van de consumenten accepteert kennelijk de consequentie dat daarvoor routinematig dieren moeten worden gedood. Overigens wil dit niet zeggen dat er geen verschuivingen in het consumptiepatroon kunnen optreden. Thans wordt er veel meer pluimveevlees gegeten dan vroeger. Daarnaast zijn er nationale verschillen in de eetcultuur. Tot in de jaren zeventig van de vorige eeuw werd er in Duitsland hondenvlees gegeten. In België, Frankrijk en Italië is paardenvlees populair, terwijl het in Engeland niet wordt gegeten. Ook in dit opzicht speelt de diersoort een rol.

In tegenstelling tot het doden ten behoeve van de consumptie waren de deelnemers veel kritischer in het accepteren van het doden van dieren bij de andere drie genoemde redenen, in het bijzonder wanneer in het kader van dierziektebestrijding gezonde dieren op grote schaal preventief worden geruimd. Er werden vraagtekens geplaatst bij het feit dat de boeren huilden als hun vee werd geruimd. Immers, hun vee werd uiteindelijk altijd in het slachthuis gedood? In dit verband heeft Minister Brinkhorst erop gewezen dat de 260.000 dieren die zijn geruimd overeenkomt met de normale opbrengst van 45 slachtdagen. Diverse deelnemers wezen erop dat de emoties van de boeren echt waren. Zij huilden vanwege de totale ontreddering, de desoriëntatie, het verlies van jarenoude foklijnen en het kwijtraken van de regie over hun dagelijkse leven. Zij beleefden het doden van gezonde dieren tijdens de MKZ crisis compleet anders dan het afvoeren van dieren naar het slachthuis voor de consumptie. Overigens was ook hier een verschil tussen diersoorten aanwezig. Een melkveehouder neemt met tegenzin afscheid van zijn genetische pool; bij zeugenhouders is dit al minder het geval en nog minder bij vleesvarkens. Hoe langer de veehouder zijn dieren in zijn bezit heeft des te sterker de binding kennelijk wordt.

Deze reacties namen de kritiek over de houding van de boerenorganisaties tegenover het non-vaccinatie beleid niet weg. Waarom werd er tien jaar geleden door de boerenorganisaties noch door dierenartsen geprotesteerd tegen dit beleid? Hier werd tegenin gebracht dat de veehouders in Nederland sterk afhankelijk zijn van de export en dat een boer niet zelf een beslissing in deze kan nemen. Een van de voorwaarden die Denemarken en Groot-Brittannië voor toetreding tot de EU bedongen was de invoering van het non-vaccinatie beleid. De melkveehouders waren destijds tegen, maar vooral de varkenshouders waren voorstanders omdat zij veel van een open wereldmarkt verwachtten. De Nederlandse overheid baseerde zich bij haar beslissing vooral op risicoanalyses en economische berekeningen van de Landbouwuniversiteit Wageningen. Diergeneeskundig Nederland werd destijds nauwelijks om een mening gevraagd, maar protesteerde ook niet heftig. Hoe dan ook, de economische motieven gaven de doorslag. De uitbraak van klassieke varkenspest (KVP) in 1997 leidde tot veel ophef, maar niet genoeg om het non-vaccinatiebeleid ter discussie te stellen. De MKZ crisis van 2001, waarbij overigens minder dieren werden geruimd dan in 1997, schokte de samenleving zodanig dat dit wel gebeurde. Volgens sommige deelnemers leidde de MKZ-crisis tot meer commotie dan die van KVP omdat de varkens voor het grote publiek min of meer verborgen werden gehouden, dus onbekend waren. Dit in tegenstelling tot koeien die voor de stedeling ('s zomers) zichtbaar aanwezig zijn in de wei. Dit werd als onredelijk beschouwd, omdat varkens vanuit een ethisch gezichtspunt gelijk zijn aan runderen.

Ook de rol van de journalistiek bij de ruimingen werd aan de orde gesteld. Een huilende boer voor de camera die kritiek uit op het 'meedogenloze' overheidsoptreden sorteert veel meer effect dan een veehouder die nuchter constateert dat ruimen een bedrijfsrisico is. Deze benadering zorgde ervoor dat de grijper met dode dieren dagelijks in het journaal te zien was en al snel werd de hele intensieve veehouderij hiermee geassocieerd. Op de emoties werd nog nader ingespeeld door het breed uitmeten van het ruimen van geliefde hobbydieren als dwerggeiten. Het brede maatschappelijke fenomeen van antropomorfisme, dat ten grondslag ligt aan de moderne manier van met dieren omgaan, speelde hierbij een grote rol. Tezamen met de MKZ-catastrofe in Groot-Brittannië hebben de ruimingen in Nederland er wel toe geleid dat het non-vaccinatiebeleid in EU verband kritisch wordt geëvalueerd. Ook de roep om kleinschaliger en 'biologische' veehouderij werd hierdoor luider. Geconstateerd werd echter dat een terugkeer naar kleinschaligheid onder de huidige internationale economische omstandigheden moeilijk is voor veehouders.

De tijd bleek te kort om dieper op alle redenen in te gaan, temeer omdat er verschillende typen argumenten naar voren werden gebracht. Verwezen werd in dit verband naar de rechtsfilosoof Paul Cliteur die pleit voor een andere dan economische manier van denken over het houden van dieren. De meeste deelnemers aan de discussie waren het wel eens over de stelling dat de reden voor het doden van dieren de acceptatie ervan bepaalt. Opgemerkt werd dat de mens zelf een groepsdier is en zich eerder laat beïnvloeden door emoties en gevoel dan door resultaten van wetenschappelijk onderzoek of ethische overwegingen. De normen ten aanzien van het doden van dieren worden kennelijk meer ontleend aan de bestaande situatie, emoties en gevoel dan aan morele theorieën.

Conclusies

Voor veehouders is het doden van dieren een alledaagse realiteit. Zij brengen over het algemeen respect op voor hun productiedieren, maar nemen toch op een zakelijke manier afscheid van hun dieren als het economisch bepaalde moment in de productiecyclus weer daar is. Opmerkelijk was de tweedeling bij de discussie over het houden van dieren. Boeren houden anders van hun productiedieren dan van hun eigen huisdieren. Ook bij de rechtvaardiging voor het doden van productiedieren blijkt de diersoort een belangrijke rol te spelen; van melkkoeien wordt moeilijker afscheid genomen dan van massaal en kortstondig gehouden varkens of pluimvee.

De meerderheid was van mening dat consumptiedoeleinden een valide rechtvaardigingsgrond vormen voor het doden van productiedieren, mits het doden op een 'humane' wijze wordt uitgevoerd en er voldoende aandacht aan het welzijn tijdens het leven van de dieren wordt geschonken. Het massale doden van dieren in het kader van dierziektebestrijding werd veroordeeld, temeer omdat hierbij vooral internationale handelsbelangen het motief vormen. Hiermee werd stelling drie bevestigd dat de reden voor het doden van dieren de acceptatie ervan in belangrijke mate bepaalt. In de workshop werd tengevolge van de recente MKZ-crisis meer aandacht geschonken aan economische, politieke en welzijnsaspecten dan aan het doden van dieren in strikte zin. Zo werd gepleit voor het afschaffen van het non-vaccinatiebeleid en een omschakeling naar een kleinschaliger veehouderij. Uit de discussie kwam naar voren dat het combineren van ethische en economische motieven problematisch is.

Workshop 2:
Het doden van gezelschapsdieren en recreatiedieren

Forum

Workshopleider: *Drs. L.E. Paula, Hoofdafdeling Dier & Maatschappij, Faculteit der Diergeneeskunde, Universiteit Utrecht*
Inleider thema: *Mw. dr. N. Endenburg, Hoofdafdeling Dier & Maatschappij, Faculteit der Diergeneeskunde, Universiteit Utrecht*
Rapporteur: *Mw. drs. N.E. Cohen, Hoofdafdeling Dier & Maatschappij, Faculteit der Diergeneeskunde, Universiteit Utrecht*
Aantal deelnemers: *16*

Inleiding

De discussie over het doden van gezelschapsdieren en recreatiedieren vond plaats aan de hand van vijf stellingen. Deze stellingen beschrijven vijf situaties waarin de belangen van het dier, de eigenaar en de dierenarts tegenover elkaar (kunnen) staan.

Stelling 1:
Gezonde gezelschapsdieren, die geen bedreiging vormen voor hun omgeving, mogen niet worden geëuthanaseerd

Een meerderheid van de aanwezigen was het in zijn algemeenheid niet met deze stelling eens. In de discussie over deze stelling kwam naar voren dat bij de beslissing om wel of niet tot euthanasie over te gaan een dierenarts handelt naar eigen inzicht, na weging van een aantal factoren. De factoren die meespelen hebben enerzijds betrekking op het dier zelf, zoals de diersoort, de leeftijd en het toekomstperspectief van het dier. Anderzijds hebben ze betrekking op de maatschappelijke omstandigheden, zoals de mogelijkheden voor herplaatsing, de bereidheid om aan de laatste wens van de eigenaar te voldoen en op economische motieven, te weten de concurrentiepositie waarin een dierenarts zich bevindt. Als een dierenarts het niet eens is met de wens van de eigenaar kan de eigenaar immers een andere dierenarts zoeken die zijn verzoek wel inwilligt. Dit 'shoppen' werd als ongewenst aangemerkt maar men deelde de mening dat het in de praktijk moeilijk is hieraan een halt toe te roepen. Als mogelijkheden werden genoemd een landelijk fonds dat herplaatsingmogelijkheden financiert, maar dit roept tegelijk de vraag op waarom men aan deze groep dieren de voorrang zou geven. Men noemde ook een beroepscode voor dierenartsen, waarin criteria en grenzen zijn opgenomen die door de dierenarts in de betreffende situatie gehanteerd kunnen worden. Als probleem hiervan werd gezien dat er slechts ruwe criteria en ruime grenzen zijn te formuleren voor praktijksituaties, die per keer kunnen verschillen.

Stelling 2:
Ingrijpende therapieën voor honden en katten, zoals bijvoorbeeld chemotherapie of pootamputatie, is een brug te ver

De aanwezigen waren het in algemene zin niet met deze stelling eens. Het antwoord hierop hangt af van de context. De argumenten die in de discussie over deze stelling naar voren kwamen hebben betrekking op het welzijn van het dier, op de haalbaarheid van de therapieën en op de maatschappelijke omstandigheden. Er werd onder meer naar voren gebracht dat je de gevolgen van de belastende behandeling niet kunt uitleggen aan het dier en dat je het dier geen dierwaardig bestaan kunt garanderen. De vraag die hierbij opkwam is wat nu precies een dierwaardig bestaan is. Is bijvoorbeeld een leven van een hond op drie poten wel of niet dierwaardig? Daarnaast speelt mee dat de eigenaar de kosten van deze therapieën niet altijd kunnen of willen dragen. Dit kunnen rechtvaardigende redenen zijn om te kiezen voor euthanasie in plaats van therapie. Aan de andere kant valt het een eigenaar vaak erg zwaar om afscheid te nemen van een geliefd dier en zal dan mogelijk kiezen voor een verdere behandeling. Zo worden de grenzen steeds verder verlegd. In dat geval kan het belang van de eigenaar op gespannen voet staan met het belang van het dier en met de integriteit van de dierenarts.

Stelling 3:
Oudere honden met hartklachten en een groot risico op overlijden, hebben recht op een pacemaker

De workshopleider legde de deelnemers de vraag voor of er wellicht andere normen gelden voor actieve versus passieve euthanasie. In het tweede geval wordt het dier niet zozeer door een handeling van een dierenarts geëuthanaseerd, maar wordt een dier een mogelijk levensreddende therapie onthouden. In de discussie hierover werd opgemerkt dat het woord 'recht' zich hier vertaalt als 'plicht' of 'verantwoordelijkheid' voor de dierenarts. In de discussie kwam verder naar voren dat de dierenarts zijn eigen normen en waarden heeft en een bepaalde handeling kan weigeren. Als de behandeling op zichzelf mogelijk is, dan volgt tevens de vraag of het financieel haalbaar is. Niet alle eigenaren hebben het geld om de behandeling te bekostigen. Er werd naar voren gebracht dat mensen, die niet de financiële draagkracht hebben om hun huisdier de nodige zorg te geven, geen huisdier zouden moeten nemen. Een andere genoemde oplossing voor dergelijke financiële belemmeringen is het beschikbaar komen van een ziektekostenverzekering voor dieren, die misschien zelfs verplicht moet worden gesteld.

Stelling 4:
Er wordt regelmatig veel geld uitgegeven aan operaties bij honden, maar veel minder bij cavia's. Dit is onterecht

De deelnemers waren het er in meerderheid over eens dat het uit moreel oogpunt niet gerechtvaardigd is om onderscheid te maken tussen een groot en een klein huisdier, maar dat dit in de praktijk desalniettemin wel gebeurt. Dat blijkt ook al uit de verschillende tarieven die dierenartsen hanteren voor grote en kleine huisdieren. Het onderscheid is gebaseerd op emoties en is cultuurgebonden. In een aantal landen wordt de cavia bijvoorbeeld niet als huisdier gehouden, maar juist gezien als voedsel.

Stelling 5: Paarden en pony's die niet geschikt meer zijn voor hun gebruiksdoel moeten worden geëuthanaseerd

De meningen waren verdeeld over deze stelling. Meerdere aanwezigen waren van mening dat het met name afhangt van de vraag of er sprake is van een 'dubbeldoel'. Als op zichzelf gezonde dieren, die echter niet meer geschikt zijn voor hun 'recreatiedoel', geslacht worden voor menselijke consumptie, dan kan dit een rechtvaardigingsgrond voor het doden zijn. Dit geldt ten aanzien van paarden en pony's, maar kan volgens sommigen zelfs worden doorgetrokken naar bijvoorbeeld postduiven. Dieren zoals windhonden daarentegen zijn geen 'dubbeldoel' dieren. De vraag die hierbij opkwam was of deze laatste vorm van sport verboden zou moeten worden als hieraan inderdaad onlosmakelijk verbonden is dat op zichzelf gezonde dieren (die niet meer voldoende presteren) gedood worden, zonder dat ze verder een 'consumptiedoel' hebben. Deze vraag vond men lastig te beantwoorden.

Verder kwam in de discussie nog naar voren dat dierenartsen zich soms misbruikt voelen door de eigenaar, bijvoorbeeld bij een verzoek tot euthanasie van een paard dat niet meer aan de gebruikseisen van de eigenaar voldoet, waarna van het verzekeringsgeld een nieuw paard wordt gekocht.

Contextafhankelijkheid

In de discussie over de stellingen kwamen een aantal algemene punten naar voren die de deelnemers van belang vonden bij de beoordeling van het al dan niet doden van dieren. De deelnemers konden zich erin vinden dat het doden van dieren niet vanzelfsprekend is (nee, tenzij). Men was echter wel van mening dat er geen duidelijke, algemene criteria en grenzen aan te geven zijn waarmee euthanasie, met name van gezonde dieren, al dan niet te rechtvaardigen is. Iedere situatie is anders en kan slechts ondersteund worden door ruwe criteria die contextafhankelijk worden ingevuld. Hierbij spelen de emoties van eigenaren een grote rol, maar ook de diersoort en het doel waarvoor het dier gebruikt is. Uiteraard bestaan er spanningen tussen de verschillende criteria. Bijvoorbeeld dat er geen onderscheid wordt gemaakt tussen kleine en grote huisdieren. Maar ook het onderscheid tussen wel of niet consumeren van dieren in een spanningsveld. De tijd ontbrak echter om hier nader op in te gaan

Vanwege de grote contextafhankelijkheid handelen dierenartsen in de praktijk naar eigen inzicht. Er bestaat daarbij soms een spanningsveld tussen de belangen van de eigenaar en de normen en waarden van een dierenarts. De mogelijkheid voor een principiële opstelling door de dierenarts is moeilijk vanwege de concurrentie tussen dierenartsen.

Workshop 3:
Het doden van proefdieren

Forum

Workshopleider:	*Dr. J.B.F. van der Valk, Hoofdafdeling Dier & Maatschappij, Faculteit der Diergeneeskunde, Universiteit Utrecht*
Inleider thema:	*Mw. dr. J.M. Fentener van Vlissingen, Directeur, Dierexperimenteel Centrum, Erasmus Universiteit Rotterdam*
Rapporteur:	*Mw. drs. S. Dudink, Hoofdafdeling Dier & Maatschappij, Faculteit der Diergeneeskunde, Universiteit Utrecht*
Aantal deelnemers:	*17*

Inleiding

In deze workshop werd aandacht gegeven aan het doden van dieren in het wetenschappelijk onderzoek. Aan de workshop namen 17 personen deel met diverse achtergronden, zoals dierenartsen, wetenschappers, proefdierdeskundigen en dierenbeschermers. De discussies werden gevoerd aan de hand van de volgende stellingen:

1. Het doden van dieren is inherent aan wetenschappelijk onderzoek.
2. Het feit dat sommige dieren met pensioen mogen is een emotioneel besluit dat geen rekening houdt met het welzijn (ongerief) van het dier.
3. Bij de afweging van een dierproef dient de dierexperimentencommissie (DEC) het einde van het dier mee te laten wegen.
4. Het doden van (proef)dieren is aanvaardbaar, mits dit pijnloos gebeurt.
5. De dood als eindpunt in een dierproef is onaanvaardbaar.

Stelling 1:
Het doden van dieren is inherent aan wetenschappelijk onderzoek

Deze leverde weinig stof tot discussie. Men constateerde dat dieren die gebruikt worden voor wetenschappelijk onderzoek vrijwel altijd worden gedood. Het doden van dieren beschouwden de deelnemers aan de workshop als inherent aan het gebruik van dieren voor deze toepassing.

Naar aanleiding van de eerste stelling kwam echter wel een andere discussie op gang. Het discussiepunt was de status van proefdieren na een experiment. Het ging hierbij om proefdieren die na het experiment zonder consequenties zouden kunnen doorleven. Tijdens de discussie kwam naar voren dat in de wetgeving het 'lot' van proefdieren na een experiment niet goed geregeld is. In de Wet op de dierproeven staat dat indien een proefdier levend en zonder blijvend ongerief uit een dierproef komt en geen ander doel meer dient, dit dier geen proefdierstatus meer heeft. Mocht het dier echter weer in een experiment gebruikt worden, bijvoorbeeld binnen het onderwijs, dan valt het wel weer onder de Wet op de Dierproeven. Consequenties van deze wetgeving zijn o.a. dat op surplusdieren (proefdieren die geen nader doel dienen) geen controle wordt gehouden. In de praktijk blijkt echter dat de inspectie ook voor deze dieren een oogje in het zeil houdt.

Dat dieren na een experiment alsnog worden gedood, heeft in eerste instantie een economische en praktische reden en wordt niet gedaan om redenen van dierenwelzijn. Voorzieningen om bijvoorbeeld grote groepen ratten of muizen te huisvesten, met als doel hun leven uit te leven, zijn niet aanwezig. Dit heeft als consequentie dat dieren alleen gehuisvest kunnen worden onder omstandigheden die hun welzijn aantasten, waardoor doden gerechtvaardigd wordt.

Stelling 2:
Het feit dat sommige dieren met pensioen mogen is een emotioneel besluit dat geen rekening houdt met het welzijn (ongerief) van het dier

Het vorige discussiepunt vormde een goede aanloop naar de tweede stelling. Een van de deelnemers bracht naar voren dat voor enkele diersoorten, met name de apen, grote zorg in de maatschappij is omtrent hun ‘pensioen’. Deze zorg lijkt met name ingegeven door de huidige opinie, dat apen een hoger bewustzijn en intelligentie hebben dan andere dieren en dat apen de mogelijkheid hebben om te lijden. De maatschappij lijkt te vinden dat deze dieren na experimenten niet mogen worden gedood, maar met pensioen moeten gaan. Gezien de eerder genoemde ‘menselijke’ aspecten van apen, stelt dit echter bijzondere eisen aan de huisvesting in hun verdere leven. De vraag werd gesteld of de kosten hiervoor niet beter ten goede kunnen komen aan de ontwikkeling van alternatieven voor de experimenten waarvoor de apen in eerste instantie zijn gebruikt. Daarbij werd ook de vraag gesteld waarom er dan onderscheid wordt gemaakt tussen bepaalde apensoorten en de intelligente ratten.

Een mening die door velen gedeeld werd is dat men het welzijn van proefdieren na experimenten moet proberen te optimaliseren. Pas wanneer blijkt dat het niet mogelijk is om dieren te huisvesten, waarbij hun welzijn optimaal is gewaarborgd, is het geoorloofd om over te gaan tot doden. Wat men precies onder welzijn verstaat werd echter in het midden gelaten.

Daarnaast kwam sterk naar voren dat men bij de besluitvorming omtrent het doden van dieren naar individuele cases moet kijken. Men moet niet proberen één lijn te trekken. Er zou op het moment nog te weinig gekeken worden naar het welzijn van het individuele dier. Problemen die mensen hebben met het doden van dieren mogen niet ten kosten gaan van het welzijn van dieren (omdat de samenleving weerstand bied tegen het doden van bijvoorbeeld chimpansees) betekent dit niet dat we deze dieren (omwille van de mening van de samenleving) in leven moeten laten. De deelnemers waren van mening dat het welzijn van het dier altijd voorop moet staan en niet de emoties van de samenleving. Toch blijken emoties nog vaak een sturende factor in het geheel te zijn, terwijl het besluit tot het doden van dieren altijd vanuit het ‘dierperspectief’ genomen zou moeten worden.

Dat het welzijn van dieren een prominente rol in de besluitvorming omtrent het doden van dieren inneemt volgt ook uit opmerkingen als: indien besloten wordt dieren in leven te laten dan moet men er voor zorgen dat deze dieren in een verrijkte omgeving terechtkomen.

Stelling 3:
Bij de afweging van een dierproef dient de dierexperimenten-commissie (DEC) het einde van het dier mee te laten wegen.

Uit de opmerkingen tijdens de discussies bleek dat over het algemeen de onderzoeker noch de DEC in hun overwegingen het lot van het proefdier na het experiment meeneemt. Hoewel dit volgens de wet verplicht is, blijkt de praktijk hierbij achter te lopen. Daarom vond men dat zowel onderzoeker als de DEC veel meer aandacht dienen te besteden aan het einddoel van het proefdier. Dit betekent dat van tevoren moet worden vastgesteld wat er na de dierproef met het proefdier gebeurt: herplaatsing of euthanasie. Het is niet zinvol om een einddoel van proefdieren in de wet vast te leggen. Ook hierbij geldt dat individuele cases bekeken en beoordeeld moeten worden. Met name de DEC speelt hierbij een beslissende rol.

Stelling 4:
Het doden van (proef)dieren is aanvaardbaar, mits dit pijnloos gebeurt

De meningen over deze stelling leken in eerste instantie verdeeld. Nadat echter naar voren werd gebracht dat in plaats van het doden van het proefdier voor een alternatief kan worden gekozen, bijvoorbeeld herplaatsing, leken de meningen meer op een lijn te staan. Dieren zouden niet gedood mogen worden als er ook een alternatief voor handen is. Een deelnemer beschreef dit bondig door te zeggen dat ‘men dient uit dient te gaan van respect voor leven. Als het leven er is, dan heeft een levend wezen recht op dit leven, tenzij er een hele goede reden is het leven te beëindigen.

Stelling 5:
De dood als eindpunt in een dierproef is onaanvaardbaar

De reacties op de slotvraag of de dood als eindpunt onaanvaardbaar is waren redelijk uniform. Terwijl enkele nationale en internationale regelgevingen (o.a. toxiciteittesten) de dood als eindpunt in sommige gevallen nog steeds voorschrijven, wekte de dood als eindpunt bij alle deelnemers grote weerzin op en werd dan ook onaanvaardbaar gevonden. Dergelijke experimenten komen (gelukkig) niet langs een DEC.

Conclusies

Samengevat kunnen uit de discussies de volgende conclusies worden getrokken:

- Het doden van proefdieren is niet vanzelfsprekend.
- Het doden van proefdieren als eindpunt in een dierproef is onaanvaardbaar.
- Het doden van een proefdier is toegestaan als het in het belang van het dier is. Met andere woorden, als het in leven laten een onaanvaardbare aantasting van het welzijn tot gevolg zou hebben.
- Het welzijnsbelang van de (proef)dieren wordt algemeen erkend.

- Het pijnloos doden van (proef)dieren is alleen toelaatbaar als er een goede afweging is gemaakt tussen de kwaliteit van leven en de dood. Indien deze afweging niet zorgvuldig wordt gemaakt is het doden van proefdieren vanuit respect voor dierlijk leven niet aanvaardbaar.

Workshop 4:
Het doden van vissen, schadelijke dieren en in het wild levende dieren

Forum

Workshopleider:	*Drs. R. Tramper, Centrum voor Bio-ethiek en Gezondheidsrecht, Universiteit Utrecht*
Inleiders thema:	*Dr. J.W. van de Vis, Nederlands Instituut voor Visserij Onderzoek RIVO*
	Ir. J.T. de Jonge, Stichting Kennis- en Adviescentrum Dierplagen
	Dhr. H. Piek, Vereniging Natuurmonumenten
Rapporteur:	*Mw. dr. F.H. de Jonge, Hoofdafdeling Dier & Maatschappij, Faculteit der Diergeneeskunde, Universiteit Utrecht*
Aantal deelnemers:	*30*

Inleiding

Mogen we dieren doden? Dat hangt ervan af: een paling doden mag, maar het wordt wel hoog tijd dat we daarvoor betere, en vooral snellere dodingmethodieken ontwikkelen. Schadelijke diersoorten doden mag ook, zelfs als niet te voorkomen is dat ze daarbij ernstig lijden. Runderen in een natuurterrein mogen echter alleen afgeschoten worden om ernstig lijden te beëindigen, en niet om de kans op een goed welzijn van andere dieren uit de kudde te bevorderen.

Kennelijk leven we in een samenleving waarin het vangen, gebruiken en doden van dieren een min of meer geaccepteerde praktijk is, mits het een redelijk doel dient. De acceptatie van die praktijk hangt echter wel af van de methode van doden; het doodmaken mag niet gepaard gaan met onnodig ongerief. Daarnaast is de mate van acceptatie afhankelijk van het soort dier - een chimpansee mag niet zomaar gedood worden, maar een vis wel - en het soort relatie dat de mens met dat dier heeft. Een hond mag niet gedood worden om gegeten te worden, maar een varken wel.

In deze workshop werd aan de hand van drie praktijkvoorbeelden de vraag gesteld in hoeverre het doden van dieren moreel problematisch is. De voorbeelden verschillen in termen van het doel ten behoeve waarvan gedood wordt (productie, plaagbestrijding en natuurbeheer) en in termen van het soort dieren dat het betreft (vissen, ratten, muizen, muskusratten, runderen).

Vissen

Het doden van vissen vindt vooral plaats in het kader van grootschalige commerciële visvangst en viskwekerij voor consumptiedoeleinden. Tijdens de workshop staan vooral de dodingmethoden ter discussie en niet zozeer het doden zelf. Daarnaast speelt de discussie of vissen wel pijn ervaren. Immers, wanneer vissen zich niet bewust zijn van hun lijden, dan hoef je met dat lijden ook geen rekening te houden. Tenslotte wordt er gesproken over de enorme aantallen vissen en de vraag of het aantal gedode vissen een relevante morele dimensie is.

Een aantal deelnemers was zeer geschokt door de lezing van de heer Van de Vis waarin hij laat zien wat de consequenties zijn van de manier waarop vissen momenteel op grote schaal gedood worden. Dat palingen in een zoutbad nog na 25 minuten op prikkels reageren! Dat platvissen bij een dood door verstikking zelfs nog na 40 minuten op stimuli reageren! En dan te bedenken dat het lijden van die platvissen feitelijk al onder water in het net begint, waardoor nog maar 20% van de gevangen vissen gecoördineerd kan zwemmen tegen de tijd dat ze boven water gehaald wordt.

"Maar is dat dan relevant?", brengt een deelnemer in. Het gaat er niet om of vissen bewegen, het gaat erom of ze iets voelen. Hebben ze pijn? *"Ik weet niet of die vissen lijden en dat is bepalend voor de vraag of je ze mag doden, en zo ja hoe je ze dan doodt".* Daar wordt het volgende over opgemerkt. Ten eerste zijn vissen geen reflexmachines. De pijnprikkels gaan naar de hersenen. Ze reageren verschillend op positieve en negatieve stimuli en kunnen de ervaring met die stimuli ook in toekomstig gedrag inbouwen. Vissen kunnen zich dan angstig en paniekerig gaan gedragen. Ten tweede is het feitelijk onmogelijk te bewijzen of vissen zich van hun lijden 'bewust' zijn, zoals het feitelijk ook onmogelijk is om te bewijzen dat een ander mens bewustzijn heeft. En ten derde zijn er grote neurofysiologische en gedragsmatige overeenkomsten tussen vissen en zoogdieren, inclusief de mens, al missen vissen een aantal corticale structuren die belangrijk lijken te zijn voor bepaalde vormen van bewustzijn. Het is duidelijk dat de interpretatie van deze observaties onder deskundigen verschilt: sommigen menen op grond van overeenkomsten tussen vissen en zoogdieren dat vissen wel degelijk kunnen lijden, terwijl anderen beweren dat ze die capaciteiten missen.

Concluderend werd gesteld dat je nooit het risico mag lopen dat dieren ernstig lijden door toedoen van de mens, louter en alleen met het argument dat het vermogen om te lijden nog onvoldoende bewezen is. Men was het er daarom over eens dat alles op alles gezet moet worden om 'humane' dodingmethoden voor vissen te ontwikkelen. Het productschap betoogt dat de sector van de gekweekte vis daar al hard aan werkt. Snelle en effectieve methoden worden ontwikkeld, maar zijn vooralsnog niet gereed voor implementatie in de praktijk. Het publiek heeft (nog) geen affiniteit met vissen en dat vertraagt het proces. In de zeevisserij is er in zijn algemeenheid minder aandacht voor de dodingproblematiek dan in de sector van de gekweekte vissoorten.

Moeten de aantallen vissen die gedood worden ook een punt van overweging zijn? Het gaat naar schatting om zo'n 30 miljoen gekweekte vissen en ruim 500 miljoen tot 1 miljard in zee gevangen vissen per jaar! Het lijkt erop dat er niet erg respectvol met deze vissen wordt omgesprongen. Doet dat er iets toe of maakt dat niet uit? Daar wordt verschillend over gedacht; de één vindt *"dat het er niets toe doet om hoeveel vissen het gaat, als ze maar op een fatsoenlijke manier gedood worden".* De ander meent: *"als ik die aantallen zie, dan word ik daar misselijk van. Ik eet vanavond geen vis!"*

Schadelijke dieren

Tijdens de discussie over 'schadelijke diersoorten' - beter zou het zijn te spreken over 'als schadelijk aangemerkte diersoorten' - ging het uitsluitend over ratten, muizen en muskusratten. Er werden geen woorden gewijd aan de talloze schadelijke insecten die grootschalig bestreden worden en waarbij het doden en/of de manier van doden bij de deelnemers niet ter discussie staat. Bovendien staat ook het doel van het doden niet ter discussie - schadelijke dieren dienen bestreden te worden -, maar wel de methode van doden. Ook vraagt men zich af of het doden van schadelijke dieren wel altijd de meest effectieve vorm van bestrijding is.

Volgens één deelnemer worden er op grote schaal ratten, muizen en muskusratten bestreden met behulp van methoden die dusdanig veel leed met zich meebrengen, dat men liever niet nadenkt over de manier waarop die dieren aan hun einde komen. Het gaat hier met name om de anticoagulantia en verdrinkingsklemmen. Bij het gebruik van anticoagulantia kruipen ratten en muizen in een hoekje weg, waar ze vervolgens in een periode van 1 tot 5 dagen op een zeer pijnlijke manier overlijden als gevolg van inwendige bloedingen. Bij verdrinkingsklemmen, die gebruikt worden om muskusratten te vangen, zakt de val met muskusrat en al onder water waardoor het dier vervolgens de verdrinkingsdood ondergaat.

Dierenbeschermingsorganisaties en dierplagen bestrijders blijken zeer veel moeite te hebben met het gebruik van anticoagulantia. Zij oefenen voortdurend druk uit om te komen tot andere (liefst preventieve) bestrijdingsmethoden, maar vinden geen respons bij de industrie (voor wie het economische belang te klein lijkt) of de overheid (geen financiële ondersteuning). Verder is duidelijk dat er een groot verschil bestaat tussen de bestrijding van de bruine rat en de muskusrat: je kan gebouwen zo inrichten dat je geen bruine rat binnen krijgt, maar het is veel moeilijker een slootkant ontoegankelijk te maken voor de muskusrat. Men concludeert dan ook dat in het algemeen geldt dat de creativiteit bij het zoeken naar alternatieve dodingmethoden bevorderd moet worden, maar dat het vinden van een alternatieve methode voor het bestrijden van de muskusrat nu juist niet zo eenvoudig is.

Anderen vragen zich bovendien af of de huidige bestrijdingsmethoden wel effectief zijn: *"Muskusratten wegvangen? Het is dweilen met de kraan open! Als er iets is wat de reproductie bevorderd dan is het wel wegvangen. Dus waar ben je dan mee bezig?"* Bovendien bestaat volgens een ander het gevaar dat de otter in de klemmen van de muskusrat wandelt. "*Dan hebben we 30 miljoen in de herintroductie van de otter geïnvesteerd om hem vervolgens in de muskusrattenklemmen weer aan hun einde te laten komen. Dat geld kunnen we beter in alternatieve bestrijdingsmethoden steken!*" En wanneer spreken we eigenlijk van een plaag? In sommige natuurgebieden is de muskusrat helemaal geen probleem en waarom zou je hem dan moeten bestrijden. We behoren maatwerk te leveren, aldus één deelnemer. "*Maatwerk?!*", riposteert een ander, *"u bedoelt zeker dat je op de ene plaats broedplaatsen creëert voor een soort die een kilometer verderop bestreden wordt!"*

In het wild levende dieren

Tijdens de workshop wordt een aantal expliciete vragen gesteld: mogen we dieren doden (afschieten, bejagen) om bepaalde natuurdoelstellingen te halen (bijvoorbeeld vossen bejagen om weidevogels te beschermen)? Mogen we dieren doden (afschieten, bejagen) om in het kader van populatiebeheer het welzijn van soortgenoten te bevorderen? Mogen we dieren ernstig laten lijden (zonder in te grijpen) om natuurlijke selectie in een populatie 'zijn gang' te laten gaan? Hierbij staat vooral het doden zelf ter discussie. Enerzijds zijn er personen en groeperingen die elke vorm van jacht, ook in het kader van verantwoord populatiebeheer, afwijzen. (Vossen niet bejagen, ook niet om bodembroeders te beschermen, etc.). Anderzijds zijn er deelnemers (soms dezelfde) die menen dat je wilde dieren of geïntroduceerde grote grazers die ernstig lijden moet helpen en desnoods pijnloos *moet* doden. Tegenover hen staan dan weer anderen die juist menen dat je in het wild levende dieren niet moet willen helpen of uit hun lijden verlossen. Je moet ze met rust laten en 'de natuur zijn gang laten gaan', zelfs wanneer dieren daardoor mogelijk ernstig zouden lijden. Het is opvallend dat deze laatste opvatting soms naar voren wordt gebracht door mensen die zeer zwaar tillen aan ongerief dat voortkomt uit dodingmethoden ten behoeve van visvangst en/of plaagbestrijding.

Een mogelijke reden waarom het doden zelf in deze context plotseling wel problematisch is, is omdat het doden van de dieren in dit geval een vorm van interventie is die niet bedoeld is om een of ander belangrijk menselijk doel te realiseren (voeding, volksgezondheid, plaagbestrijding), maar om de natuur een handje te helpen. Er wordt opgemerkt dat 'natuurlijkheid' - in de zin van non-interventie - als doelstelling in Nederland niet reëel is omdat er in Nederland geen ecosysteem bestaat dat groot genoeg is om grotere zoogdieren zonder populatiebeheer te kunnen herbergen. Nederland is één groot cultuurlandschap waarbij je ten aanzien van de zorg voor dieren geen onderscheid moet maken tussen herten in een hertenkamp of herten in een natuurgebied of tussen runderen in de intensieve veehouderij en grote grazers in een natuurgebied. Anderen merken op dat er in Nederland wel degelijk ruimte is voor natuurlijke processen zonder tussenkomst van de mens. Het belang van de grootte van het gebied is slechts betrekkelijk. Uiteindelijk stuiten populaties van dieren overal, ook in Afrika, op hekken en andere barrières.

Er vindt een uitvoerige discussie plaats over de vraag of het wenselijk is om in zo natuurlijk mogelijk beheerde gebieden, waar grote grazers zijn geïntroduceerd, in het najaar dieren af te schieten als de omvang van de populatie de draagkracht van het gebied dreigt te overschrijden. De gedachte is dat de overige dieren dan bij voedselschaarste in de winter betere kansen hebben om te overleven. In de Oostvaarder plassen gaat het bijvoorbeeld om runderen, paarden en edelherten. De natuurbeheerders willen liever geen dieren in het najaar afschieten. Zij zijn voorstander van beperkt bijvoeren in de winter of het uit hun lijden verlossen van dieren die tegen het eind van de winter te verzwakt zijn om te overleven. Het nadeel van het afschieten van dieren in het najaar is dat de dieren, na de overvloed van voedsel in de zomer, in het najaar allemaal in topconditie zijn en dat het dus moeilijk te voorspellen valt welke dieren het in de winter moeilijk zullen krijgen.

Opvallend is dat de discussie zich concentreert rond feitelijke vragen. Hebben de dieren honger? Lijden ze als ze honger hebben? Wanneer kun je zeggen dat de draagkracht van het gebied overschreden wordt? Daarbij wijst een deelnemer erop dat in dergelijke ethische discussies altijd gedebatteerd wordt over feitelijkheden, terwijl de discussie juist over waarden zou moeten gaan. Een ander merkt op dat dit inderdaad van belang is. Het moet duidelijk zijn dat er een afweging tussen verschillende waarden wordt gemaakt. Men aanvaardt dat individuele dieren soms lijden als daar dan maar tegenover staat dat de dieren zelfstandig kunnen leven en natuurlijke processen hun gang kunnen gaan. We kunnen echter ook niet geheel om de feitendiscussie heen. Het is voor de afweging van belang om te weten of de dieren inderdaad lijden, of het leed met bepaalde maatregelen te voorkomen is en of de natuurlijke processen die men nastreeft door die maatregelen verstoord worden.

De feitendiscussie is echter zeer moeilijk te beslechten, onder andere omdat veel ecologische oordelen en uitspraken, bijvoorbeeld over de natuurlijkheid van een ecosysteem, niet uitsluitend op feiten gebaseerd lijken te zijn. Ook daar spelen waardeoordelen een rol. Eén discussiepunt wordt in deze workshop met zorg vermeden: de vraag of het moreel problematisch is wanneer mensen plezier beleven aan het doden van dieren (zelfs als dat een redelijk doel dient), blijft vooralsnog onbeantwoord.

Tot slot

"Dieren doden betekent hoe dan ook vuile handen maken." Ondanks de soms heftige discussies lijkt het erop dat één van de deelnemers met deze uitspraak een gevoel verwoordt dat door velen gedeeld wordt (maar wellicht niet door de personen die zelf jagen). Daarbij lijkt er ten opzichte van een decennium geleden een grote verschuiving te zijn opgetreden in de mate van bezorgdheid over het doden van dieren en de methoden die daarbij gebruikt worden. Met name wanneer het gaat om het doden van vissen lijkt momenteel het gevoel te bestaan dat we alle mogelijke inspanningen zullen moeten verrichten om (mogelijk) lijden tijdens het dodingproces, bij deze soort te voorkomen. De discussie over het vermogen van vissen om pijn te lijden, lijkt hiermee een gepasseerd station.

Workshop 5:
Het doden van dieren in dierentuinen

Forum

Workshopleider:	*Prof. dr. J.A.R.A.M. van Hooff, Faculteit Biologie, Universiteit Utrecht*
Inleider thema:	*Prof. dr. M. Th. Frankenhuis, Directeur Artis, Amsterdam*
Rapporteur:	*Dr. L.J.E. Rutgers, Hoofdafdeling Dier & Maatschappij, Faculteit der Diergeneeskunde, Universiteit Utrecht*
Aantal deelnemers:	*15*

Inleiding

Aan de workshop over het doden van dieren in dierentuinen namen 15 personen deel. De meeste deelnemers zijn werkzaam in dierentuinen of in opvangcentra voor exotische dieren.
De vraag die centraal stond was: in welke situaties mag je dieren in dierentuinen doden en wanneer is dat onaanvaardbaar?

Doden van dieren en goede redenen

Alle deelnemers waren van mening dat je voor het doden van dieren altijd een goede reden moet hebben. Uit respect voor het leven van dieren moet het nodeloos doden van dieren worden voorkomen. Het doden van dierentuindieren behoeft dan ook altijd moreel rechtvaardiging. Het beëindigen van een dierenleven staat echter niet ter discussie als dat gebeurt in het belang van dat dier. Daarvan is sprake als het dier niet gevrijwaard kan worden van uitzichtloos lijden als gevolg van pijn, ziekte of ernstige welzijnsbeperkende gedragsafwijkingen. Het doden van een dierentuindier is ook aanvaardbaar als onder de gegeven omstandigheden het dier geen uitzicht meer kan worden gegeven op een dierwaardig bestaan. Uitgangspunt voor een dierwaardig leven is een optimale welzijnstoestand.

Populatiebeheer in dierentuinen

Dierentuindieren worden gedood in het kader van het populatiebeheer in dierentuinen. Het doel van het populatiebeheer is het instandhouden van een groep dieren van een bepaalde diersoort, die een zo natuurlijk mogelijk leven kunnen leiden. Bij het populatiebeheer van exotische dieren is een verantwoord nataliteits- en mortaliteitsbeleid gewenst. Het nataliteitsbeleid houdt in dat in het kader van het populatiebeheer op een verantwoorde wijze het instrument van geboortebeperking en geboorteregulatie wordt ingezet. Uit een oogpunt van gedragsverrijking en welzijn is het volledig staken van de voortplanting echter ongewenst. De consequentie hiervan is dat er dieren geboren zullen worden waarvoor in de dierentuin (of elders) geen plaats is, waardoor overbevolking dreigt. In het kader van een evenwichtige opbouw van de populatie is het dan noodzakelijk om een verantwoord mortaliteitsbeleid te voeren. Dat wil zeggen dat in de populatie een selectieve doding van dieren plaatsvindt. Ook hier wordt het uitgangspunt gehanteerd dat het doden van dieren aanvaardbaar is als een dier geen uitzicht kan worden geboden op een dierwaardig bestaan. Het gevoerde nataliteits- en mortaliteitsbeleid in het kader van het populatiebeheer in dierentuinen kan bij het publiek tot misverstanden en onbegrip aanleiding geven. Om dit te voorkomen is een goede publieksvoorlichting noodzakelijk. Als dierentuinen hun beleid ten aanzien van het populatiebeheer duidelijk uitleggen, zal er bij het publiek meer begrip ontstaan voor het doden van dierentuindieren.

Beschermwaardigheid van dierlijk leven

De vraag of het doden van dieren moreel toelaatbaar is, hangt samen met de vraag naar de beschermwaardigheid van het leven van dieren: behoeft het doden van dieren morele rechtvaardiging vanuit de gedachte dat dierlijk leven omwille van het leven zelf beschermd behoort te worden? Maar aan welke voorwaarden moet het 'leven' voldoen om aan aanspraak te kunnen maken op bescherming van dat leven?

Over deze vragen werd gediscussieerd aan de hand van de door prof. Frankenhuis geponeerde stelling: bij de wenselijkheid of noodzaak van euthanasie lijkt een gorilla ons dierbaarder dan een dwerggeit.

Waarom zou een gorilla ons dierbaarder zijn dan een dwerggeit? Dit hangt samen met het verschil in 'dierbeelden': mensen hebben een ander beeld van een gorilla dan van een dwerggeit. Beide dieren behoren tot de 'hogere' diersoorten en verschillen niet in hun vermogen om te kunnen lijden (mogelijk verschillen ze wel in de mate van lijden). Men was het er dan ook unaniem over eens dat dieren, die kunnen lijden, op een 'diervriendelijke' manier (pijnloos, zonder stress), behoren te worden gedood. In dierentuinen wordt dit uitgangspunt nadrukkelijk gehanteerd. Als men dieren doodt, dan geschiedt dat op een manier, die zo min mogelijk gepaard gaat met pijn, lijden, stress en opwinding.

Ondanks het feit dat een gorilla en een dwerggeit gelijk zijn als het gaat om hun vermogen om te kunnen lijden, kijken mensen anders tegen een gorilla aan dan tegen een dwerggeit. Een verklaring hiervoor is de algemeen gedeelde opvatting dat een gorilla (en primaten in het algemeen) in psychologisch en biologisch opzicht veel meer met mensen gemeen hebben dan een dwerggeit (en herkauwers in het algemeen). Vanwege dit verschil in psychologische en biologische complexiteit is een gorilla ons dierbaarder dan een dwerggeit. Dit betekent niet dan men onverschillig staat tegenover het doden van een dwerggeit; ook het doodmaken van een geit doet men met 'pijn in het hart'. Hieraan ligt een diepgewortelde overtuiging van respect voor het leven van dieren ten grondslag.

Epiloog: respect voor dieren

Dr. F.W.A. Brom, Centrum voor Bio-ethiek en Gezondheidsrecht, Faculteit Godgeleerdheid, Universiteit Utrecht

Inleiding

Is het doden van dieren voor vleesconsumptie aanvaardbaar? Toen ik ter afsluiting van het symposium over het doden van dieren naar voren bracht dat deze vraag een issue in onze samenleving zou kunnen worden, riep dat veel weerstand op. Toch meen ik dat het niet onmogelijk is dat deze vraag op de politiek-maatschappelijke agenda terecht zal komen. De discussie op deze studiedag kan ons behulpzaam zijn bij een bezinning op deze vraag. In mijn bijdrage wil ik de winst van de studiedagdag oogsten.

Mijn verhaal bestaat uit vier delen. In het eerste deel verdedig ik dat 'respect voor dieren' de kern vormt van een ontluikende sociale moraal betreffende de mens-dier relatie.[1] Deze ontluikende sociale moraal staat op gespannen voet met een aantal dierhouderijpraktijken. Er zijn grote verschillen tussen deze praktijken. Op het verschil tussen deze praktijken ga ik in het tweede deel in, omdat de doorwerking van de ontluikende sociale moraal met die verschillende praktijken leidt tot verschillende en zelfs inconsistente opvattingen.

In het derde deel van mijn bijdrage maak ik de stap naar het eigenlijke onderwerp van het symposium: het doden van dieren. Ik laat zien dat de maatschappelijke discussie over het doden van dieren gevoerd wordt over twee eisen die aan het doden van dieren gesteld kunnen worden. Ten eerste moet het doden zo welzijnsvriendelijk als mogelijk gebeuren en ten tweede moet voor het doden een goede reden worden aangevoerd. Met name ten aanzien van deze tweede eis bestaat er maatschappelijke pluraliteit. Hoe moeten we met deze pluraliteit omgaan? Deze vraag staat centraal in het vierde deel van mijn bijdrage. Ik sluit af met een verkenning van de betekenis van deze maatschappelijke pluraliteit door enkele lijnen te schetsen waarlangs de ethisch-maatschappelijke discussie over het doden van dieren zich verder zou kunnen ontwikkelen.

Een ontluikende sociale moraal?

Er is in de sociale moraal van onze samenleving een verschuiving aan het optreden. In onze sociale moraal is er brede overeenstemming dat het welzijn van dieren moreel relevant is. Er groeit een gedeelde opvatting dat het verstoren van dierenwelzijn op zichzelf onwenselijk is. Dit blijkt bijvoorbeeld uit het feit dat de Dierenbescherming (Nederlandse Vereniging tot Bescherming van Dieren) één van de grootste verenigingen in ons land is. In de veehouderij, in de omgang met gezelschapsdieren en zelfs in de proefdierenwereld wordt uitgebreid aandacht besteed aan het belang van dierenwelzijn. De waardering van dierenwelzijn is niet van gister op vandaag opgekomen. De strijd over de opname van het dier in onze morele kring heeft een lange geschiedenis.[2]

[1] Vergelijk bijv. B.E. Rollin, *Animal Rights and Human Morality*. Prometheus, Buffalo (NY) 1981.

[2] Zie bijv. F.W.A. Brom, *Onherstelbaar Verbeterd. Biotechnologie bij dieren als een moreel probleem*. Van Gorcum, Assen 1997, pp. 11-20, pp. 79-150.

Deze verschuiving was ook op dit symposium duidelijk te zien. In zijn bijdrage toont Paul Schnabel hoe een dergelijke verschuiving past in de sociale ontwikkelingsgeschiedenis van onze samenleving en Johan De Tavernier laat zien hoe deze ontwikkeling vanuit de ethische theorievorming ondersteund wordt. In de verslagen van de verschillende workshops is duidelijk te zien, dat geen van de aanwezigen de beschermwaardigheid van dierenwelzijn als zodanig ter discussie stelde. We kunnen op grond hiervan concluderen dat de centrale vraag in een praktische dierethiek niet langer meer de vraag is of we in ons handelen met de belangen van dieren rekening moeten houden. In de praktijk is de vraag verschoven van het 'of' naar het 'hoe'. De discussies maken duidelijk dat in de praktijk van de dierhouderij de vraag centraal staat op welke wijze we het beste aan de belangen van dieren recht kunnen doen.

De verschuiving in de morele positie van het dier vindt plaats in de *sociale* moraal van onze samenleving. De wijze waarop mensen met dieren omgaan is niet langer meer een duidelijke privé-aangelegenheid. De omgang met dieren is verschoven naar de publieke sfeer. Dit komt bijvoorbeeld tot uitdrukking in het recht: het recht regelt niet alleen de omgang met dieren voor zover deze dieren publiek zichtbaar zijn, maar het recht regelt ook de omgang met dieren achter gesloten (laboratorium)deuren. Ook de maatschappelijke publieke discussie over de veehouderij maakt duidelijk dat de vragen verder gaan dan de discussie over aanstoot aan direct zichtbare dierenmishandeling. Dierenwelzijn is niet alleen een morele waarde waarmee mensen in hun individuele morele overwegingen rekening moeten houden, het is ook een publieke morele waarde geworden waarop burgers elkaar aanspreken. Deze verschuiving heeft gevolgen voor de praktische rechtvaardiging van bepaalde vormen van omgang met dieren. Handelingen met dieren moeten tegenover een breder forum dan voorheen gerechtvaardigd worden. Ook op dit gebied is er een verschuiving opgetreden.

De betekenis van deze ontluikende sociale moraal is echter niet volledig helder. Tenminste drie onhelderheden zijn impliciet op dit symposium aan de orde gekomen.

- De eerste onduidelijkheid betreft de betekenis van de opname van het dier in de morele kring. Wat is de zwaarte of de kracht van de morele waarde van dierenwelzijn? We lijken het in grote mate erover eens dat verstoring van dierenwelzijn op zichzelf onwenselijk is. Onduidelijk is echter of een dergelijke verstoring gerechtvaardigd zou kunnen worden. En als dat zou kunnen, zoals de meeste mensen lijken te menen, dan komt de vraag op met welke argumenten het toebrengen van dierlijke ongerief te rechtvaardigen valt.
- De tweede onduidelijkheid betreft de mate waarin de omgang met dieren deel uitmaakt van de publieke sfeer. Het is duidelijk dat dierenwelzijn een bepaalde maatschappelijke bescherming moet genieten, maar de mate waarin die bescherming precies juridisch vastgelegd moet worden is onduidelijk. Is de omgang met dieren dusdanig publiek dat een gemeenschappelijk maatschappelijk toetsingskader nodig is, of behoudt de omgang met dieren iets van een privé-karakter waardoor een (bepaalde) pluraliteit aan normering mogelijk blijft? Is dierenbeschermingswetgeving vergelijkbaar met belastingwetgeving, iets waarover we van mening kunnen verschillen, maar waarover uiteindelijk langs democratische weg beslist wordt, of raakt het aan fundamentele rechten en plichten waardoor burgers een bepaalde omgrensde vrijheidsruimte houden? Als dat het geval is kan een meerderheid die vrijheidsruimte niet geheel opvullen. De

discussie over ritueel slachten maakt duidelijk dat de omgang met dieren soms aan fundamentele vrijheden (vrijheid van godsdienst) raakt.
- De derde onduidelijkheid betreft de vraag of in de publieke sfeer alleen dierenwelzijn beschermwaardig is, of dat ook andere morele waarden uit de mens-dier relatie publieke bescherming verdienen. Juist in de discussies over het doden van dieren komt die vraag scherp naar voren. Naast het minimaliseren van het ongerief dat dieren bij het doden aangedaan wordt, speelt bij het doden van dieren ook de vraag of er voldoende goede redenen zijn om dieren überhaupt te doden. Ik kom daarop hieronder terug.

Deze ontluikende sociale moraal met als uitgangspunt dat dierenwelzijn vanwege de dieren zelf publiekelijk beschermwaardig is, staat kritisch tegenover een aantal bestaande dierhouderijpraktijken. Ook dat is op deze studiedag niet bestreden. Dierhouderij, of in ieder geval een belangrijk deel daarvan, heeft negatieve gevolgen voor het welzijn van de gehouden dieren. De praktische omvorming van die praktijken is één van de belangrijke vraagstukken waar onze samenleving voor staat.

Dieren in verschillende praktijken

Er zijn verschillen tussen de praktijken waarin dieren gehouden worden. Dierenwelzijn wordt niet in alle praktijken gelijkelijk bedreigd. Er is verschil in de spanning tussen het gemeenschappelijke uitgangspunt dat dierenwelzijn beschermwaardig is en verschillende praktijken. De discussies over verantwoorde en duurzame veehouderij[3] gaan bijvoorbeeld over de vraag hoe - in een liberaliserende en concurrerende voedselmarkt - het welzijn van landbouwhuisdieren verbeterd kan worden. In deze 'maatschappelijke worsteling' is het noodzakelijk dat de gedeelde opvatting dat er iets mis is met het welzijn in de veehouderij door systematische wetenschappelijke studie naar het welzijn van gehouden dieren onderbouwd wordt. Zonder goed inzicht in de ethologie van landbouwhuisdieren is het schier onmogelijk om blijvend welzijnswinst te maken terwijl de sector economisch overeind blijft.

De veehouderij is niet de enige omgangspraktijk van de mens met dieren. In de verschillende workshops zijn verschillende dierhouderijpraktijken aan de orde geweest. De verslagen van de verschillende workshops maken duidelijk dat er grote verschillen zijn in de omgang van mensen met dieren. Volgens Henk Rozemond, de eerste hoogleraar in de relatie mens-dier aan de Utrechtse Faculteit der Diergeneeskunde, kunnen we de dieren in verschillende sociotypes indelen, afhankelijk van het soort relatie dat mensen met dieren hebben.[4] De omgang met dieren wordt in verschillende praktijken anders genormeerd. Er zijn grote verschillen in wat voor aanvaardbaar wordt gehouden in de omgang met dieren in de productie-, plezier- en proefdierhouderij.[5] De verschillen tussen deze normen gaan terug op drie soorten van verschillen tussen de praktijken.

[3] *Toekomst voor de veehouderij, agenda voor een herontwerp van de sector*. Advies van de commissie Wijffels in opdracht van het Ministerie van LNV. Mei 2001.

[4] H. Rozemond, Ethische aspecten van genetische manipulatie bij dieren. In: H.A.M. van der Steen *et al.* (red.) *Studiedag genetische manipulatie bij landbouwhuisdieren*. NRLO, Den Haag 1989, pp. 1-11.

[5] Voor een uitgebreide analyse van dierpraktijken zie: S. Lijmbach, A Licence to Kill. In: M.B.H. Visser & F.W.A. Brom (red.) *Het doden van dieren*. Centrum voor Onderzoek van de Relatie Mens-Dier, Leiden 1993, pp. 17-28.

- Allereerst is de mate waarin de dieren onder directe controle van mensen staan van belang. Er gelden andere normen voor de omgang met gehouden dieren die onder directe controle staan dan voor de omgang met dieren die een (semi-)wild leven leiden. Naarmate mensen meer directe invloed uitoefenen op de levensomstandigheden van dieren, kunnen zij meer direct invloed op het welzijn van die dieren uitoefenen. Dit geeft een grotere verantwoordelijkheid voor het welzijn van deze dieren. Een voorbeeld is de discussie over de vraag of mensen dezelfde plichten hebben jegens runderen in natuurgebieden en jegens runderen in de melkveehouderij.[6]
- Ten tweede is de mate waarin mensen een empathische relatie hebben met de dieren in een bepaalde praktijk van invloed op de normen die in een bepaalde praktijk gelden. Aaibaarheid, maar ook bekendheid met dieren, kan voor de geldende normering in een bepaalde mens-dier relatie uitmaken. Een voorbeeld is het verschil in omgang met gezelschapskonijnen, met konijnen in dierproeven en met vleeskonijnen, of tussen ratten in dierproeven en ratten als plaagdieren.
- Ten derde verschilt het publieke karakter van praktijken. De mate waarin de omgang met dieren als een privé-aangelegenheid wordt beschouwd, verschilt nogal. De veehouderij is bijvoorbeeld al op grond van marktordening en op grond van de bescherming van voedselveiligheid sterk gereguleerd. De veehouderij heeft daardoor al een hoge mate van publiek karakter. Ook de dierproefpraktijk is zo geworden omdat in deze praktijk dierenwelzijn bedreigd wordt. En dierenwelzijn is - zoals hierboven al gesteld - een publieke waarde. Het houden van gezelschapsdieren daarentegen heeft meer een privé-karakter. Onder meer omdat men veronderstelt dat in de omgang met gezelschapsdieren de belangen van eigenaar en dier meer parallel lopen. Desondanks is ook de houderij van gezelschapsdieren in de publieke sfeer terechtgekomen. Dit geldt met name voor het bedrijfsmatig houden van gezelschapsdieren, waarvoor onder meer ter bescherming van het welzijn van de dieren wettelijke regels zijn gesteld.[7]

Concluderend kunnen we voor de discussie over het doden van dieren vaststellen, dat het onomstreden is dat dit met zo min mogelijk ongerief voor de dieren gepaard moet gaan. Meer omstreden, en daarom object voor maatschappelijk-ethische discussie, betreft de discussie over de vraag: welke redenen zijn van voldoende gewicht om dieren te mogen doden?

Het rechtvaardigen van doden van dieren

Staat het doden van dieren op gespannen voet met de ontluikende sociale moraal? Mogen dieren gedood worden voor productiedoelen (vlees, bont), voor plezier of populatiebeheer (jacht) of als ze overbodig zijn (eendagshaantjes van legrassen, melkkoeien die niet meer voldoende melk geven)? In de discussie over het doden van dieren komen de interne spanningen uit die sociale moraal scherp naar voren. Met name als de vraag op tafel komt wanneer het doden van dieren moreel gerechtvaardigd is.

Binnen de sociale moraal kan er gemakkelijk consensus worden gevonden over de eisen die aan het doden zelf gesteld moeten worden. Het principe dat het doden op een zo

[6] Vergelijk bijv. K.Waelbers, F.R. Stafleu & F.W.A. Brom, *Het ene dier is het andere dier niet.* Centrum voor Bio-ethiek en Gezondheidsrecht, Utrecht, in druk.
[7] Zie het *Honden- en kattenbesluit* 1999, Stb. 36.

diervriendelijk mogelijk wijze gebeurt, is in lijn met de erkenning van de waarde van dierenwelzijn. Ten aanzien hiervan was op deze studiedag weinig fundamentele discussie. Niemand bestreed het belang van diervriendelijk doden, al stelden sommigen wel de vraag hoe hoog de lat voor diervriendelijkheid wel niet gelegd zou moeten worden. Als aantasting van dierenwelzijn gerechtvaardigd kan worden voor een voldoende belangrijk doel - zoals dat bijvoorbeeld in de beoordeling van dierproeven gebeurt - dan zou het aanvaardbaar kunnen zijn om de dierenwelzijneisen bij het doden van dieren niet te verabsoluteren. Praktisch waren er veel discussies. Het is duidelijk dat er op sommige gebieden nog een enorme discrepantie bestaat tussen het principe van diervriendelijk doden en de concrete dodingspraktijk. Onderzoek naar verbetering van die praktijken - zoals bijvoorbeeld bij het doden van vissen - kan hier veel verbeteren. Er werd echter in een aantal workshops expliciet gewezen op moeilijkheden bij het ingang doen vinden van verbeterde dodingsmethoden. Zo lijkt het er op dat het zoeken naar betere middelen (vanuit dierenwelzijnsperspectief) voor ongediertebestrijding economisch moeilijk is.

Veel meer discussie was er over een tweede principe: het doden van dieren is pas gerechtvaardigd als er voldoende goede redenen worden aangevoerd. Het is in de verschillende workshops duidelijk geworden dat er een onderscheid gemaakt moet worden tussen twee soorten van vragen. De eerste betreft de vraag of bepaalde praktijken, zoals het houden van dieren voor de vleesproductie, de visteelt en de jacht aanvaardbaar zijn. De discussie gaat dan niet over het doden van bepaalde dieren in bepaalde gevallen, maar over de algemene vraag of een dergelijke praktijk aanvaardbaar is. Dat er op deze vraag niet op voorhand een positief antwoord wordt gegeven, blijkt bijvoorbeeld uit de discussie over het houden van dieren voor bont. De gedachte dat een dergelijke praktijk onaanvaardbaar is, heeft zelfs tot een - inmiddels weer ingetrokken - wetsvoorstel geleid dat het houden van dieren voor bontproductie wilde verbieden.[8]

Een tweede discussie over goede redenen voor het doden van dieren wordt binnen aanvaardbare praktijken gehouden. In onze samenleving is het houden van landbouwhuisdieren voor de productie van voedsel breed aanvaard. Ook de (preventieve) gezondheidszorg die daarbij hoort stuit in het algemeen op weinig fundamentele bezwaren. Anders wordt het echter, als in het kader van varkenspest jonge biggen moeten worden gedood. Om verspreiding van varkenspest te voorkomen werd onder meer een vervoersverbod in de varkenspestgebieden ingesteld. Daardoor raakten veel varkensstallen overvol. Dit had ernstige gevolgen voor het welzijn van de varkens. Om latere welzijnsproblemen vanwege overvolle stallen te voorkomen moesten grote aantallen biggen op zeer jonge leeftijd worden gedood. Ook binnen de varkenshouderij riep deze maatregel vragen op. In de discussie stond de vraag centraal of deze reden wel voldoende is om het doden van de biggen te rechtvaardigen.

De discussies over welke redenen voor het doden van dieren voldoende rechtvaardiging bieden, zijn niet gemakkelijk. Naast de eerder genoemde weerstand tegen een discussie over vleesconsumptie, is bijvoorbeeld ook een discussie over de aanvaardbaarheid van het doden van (gezonde) dieren in het kader van dierziektebestrijding (zoals varkenspest en mond- en klauwzeer) niet gemakkelijk. De vraag of dierziektebestrijding voldoende redenen genereert voor het massaal doden van gezonde dieren wordt vaak uit de weg

[8] Wetsvoorstel inzake het verbod op de pelsdierhouderij (kamerstuk 28048). Intrekking in de brief van 9-10-2002 van Minister C.P. Veerman (LNV) aan de Tweede Kamer.

gegaan. Het argument dat het hier gaat om dieren die uiteindelijk toch worden gedood, bemoeilijkt de discussie zeer.

Maar ook de discussie over goede redenen voor het doden van gezelschapsdieren blijkt uiterst problematisch te zijn. Voor veel mensen is de omgang met gezelschapsdieren een privé-zaak. Zij stellen dat buitenstaanders niets met het doden van gezelschapsdieren van doen hebben als dat dier geen pijn wordt gedaan.

Mijn conclusie na deze studiedag is dan ook dat we nog maar net begonnen zijn met een systematische discussie over het doden van dieren. Dat dit moeizaam gaat, hangt samen met drie elkaar versterkende overwegingen:

- Er bestaat een pluraliteit aan overwegingen met betrekking tot welke redenen voor het doden van dieren als aanvaardbaar worden gehouden.
- De pluraliteit aan morele opvattingen hangt nauw samen met een pluraliteit in levensstijlen en levensvisies.
- Publieke discussie en publieke normering van levensstijlen en levensvisies wordt als een onaanvaardbare inbreuk op de individuele vrijheid om ons leven in te richten beschouwd.

Dat bij de ethische beoordeling van dodingsmethoden het welzijn van dieren moet worden meegenomen staat buiten kijf. De discussie over het doden zelf kent veel minder consensus doordat deze sterk verbonden is met een pluralisme in levensstijlen en levensvisies. Hoe moeten we met dit pluralisme omgaan?

De omgang met pluralisme

De discussie over het doden van dieren stuit op een pluralisme in levensstijlen en levensvisies. Een dergelijk pluralisme kan verstikkend werken op een ethische discussie. In de Nederlandse samenleving zijn we het immers sterk eens over het belang van individuele autonomie bij het ontwerpen van ons levensplan. Moralistische bemoeizucht met mijn levensstijl en mijn levensvisie roept bij mij weerstand op. En ik neem aan dat dit voor velen van u ook geldt.

Hoe kan in een pluralistische samenleving gezocht worden naar een gemeenschappelijke moraal, die - ondanks de verschillende levensvisies - samenleven mogelijk maakt? Door velen wordt verdedigd dat het noodzakelijk is om elkaar de ruimte te geven om met verschillende levensvisies in één samenleving vreedzaam te kunnen samenleven. Daarom wordt vaak een onderscheid gemaakt tussen publiek en privé: het onderscheid tussen handelingen en standen van zaken waarover op gemeenschappelijk gebied iets geregeld moet worden en handelingen en standen van zaken waarover het oordeel aan individuele burgers kan worden gelaten. Er is een verschil tussen een discussie over de vraag of het doden van dieren in een bepaalde situatie juist is, en de discussie over de vraag of het doden van dieren in die situatie publiek geregeld zou moeten worden.

Het onderscheid dat hier naar voren wordt gebracht is echter niet zonder problemen. Het roept twee verschillende vragen op. Ten eerste de grens tussen privé en publiek: hoewel voor veel mensen het houden van gezelschapsdieren een privé-aangelegenheid is, verdedigt bijna niemand dat het mishandelen van dieren in de privé-sfeer dat ook is. De tweede vraag heeft betrekking op de verhouding tussen beiden. Leven volgens de eigen morele overtuigingen kan niet los geschieden van de wijze waarop de publieke sfeer ingericht is. Zo is het onmogelijk om in een samenleving waarin de jacht verboden is te leven volgens een natuur- en diervisie waarin de jacht centraal staat.

Het belang van deze studiedag was dat mensen met verschillende opvattingen over het doden van dieren met elkaar in gesprek worden gebracht. De discussie over het doden van dieren wordt niet gevoerd tussen twee monolithische groepen, waarvan de standpunten elkaar volledig uitsluiten. Dit blijkt uit de verslagen van de workshops. Het is van belang dat ook de samenleving niet wordt opsplitst in twee groepen, die niet meer met elkaar (kunnen) communiceren. Het is daarom van belang om te voorkomen dat er twee, gepolariseerde groepen ontstaan die voor hun identiteit van het conflict afhankelijk zijn. Als deze groepen ontstaan en zich ingraven in hun standpunt, dan bestaat het gevaar dat zij het 'middenveld' leegzuigen. Dan wordt het conflict zowel inhoudelijk als procesmatig onbeheersbaar. Het is daarom belangrijk dat mensen met verschillende standpunten reeds in een vroeg stadium met elkaar in gesprek worden gebracht.

Voor de discussie over het doden van dieren betekent dit twee zaken. Allereerst is het belangrijk om een onderscheid te maken tussen redenen die het doden van dieren voor elk van ons rechtvaardigen en redenen die het doden van dieren maatschappelijk rechtvaardigen. Bij dit laatste is het van belang dat we ons niet simpelweg blindstaren op wat nu door een meerderheid acceptabel wordt geacht. In de omgang met pluralisme is het ook belangrijk om respect te hebben voor minderheden. Daarvoor zijn naast principiële argumenten ook praktische argumenten aan te voeren. Meerderheden kunnen verschuiven. Dat het eten van vlees nu voor een meerderheid aanvaardbaar is, betekent niet noodzakelijkerwijze dat dit straks ook het geval is. Door nu respect te tonen voor minderheden, kan wellicht verdiend worden dat deze - mochten ze ooit meerderheden worden - straks ook respect tonen. Met andere woorden, dat bepaalde dierhouderijpraktijken nu maatschappelijk geaccepteerd zijn, betekent niet dat voorstanders van die praktijken ontslagen zijn om goede redenen voor deze praktijken aan te voeren. Het zou kunnen betekenen dat meerderheden op die gebieden die ze delen met minderheden een stapje extra doen. Zo kunnen voorstanders van veehouderij respect winnen door zich werkelijk in te zetten voor dierenwelzijn binnen de veehouderij.

Anderzijds is er nu een minderheid die ritueel slachten als vanzelfsprekend ervaart. Ook daarvoor zou moeten gelden dat de meerderheid hiervoor respect heeft of zich tenminste zou kunnen verdiepen in de achtergronden van het ritueel slachten in plaats van deze praktijk zonder meer te verwerpen.

Conclusie

In mijn bijdrage heb ik verdedigd dat 'respect voor dieren' de kern vormt van een ontluikende sociale moraal betreffende de mens-dier relatie. Voor het doden van dieren betekent dit dat het doodmaken zo welzijnsvriendelijk als mogelijk moet gebeuren. De studiedag laat die overeenstemming zien. Veel minder overeenstemming bestaat er over de vraag of voor het doden ook goede redenen moeten worden aangevoerd. En als er redenen zouden moeten worden aangevoerd, dan bestaat er een verschil van inzicht over welke redenen voldoende rechtvaardigen. Het is belangrijk dat in een vroeg stadium over de verschillende standpunten een open discussie plaatsvindt. Omdat ook datgene dat in de samenleving op brede steun kan rekenen tegenover minderheden gerechtvaardigd moet worden, lijkt het mij wenselijk dat voorstanders van bepaald diergebruik - ook al wordt hun opvatting nu gedeeld door velen in onze samenleving - hun opvattingen niet buiten de discussie plaatsen. Op basis van deze studiedag kan worden geconcludeerd dat de discussie over het doden van dieren voorzichtig begint. Daaraan voeg ik, zoals ik in de inleiding al stelde, als een persoonlijke observatie het volgende toe: het zou mij niet verbazen als in die discussie de aanvaardbaarheid van het doden van dieren voor vleesconsumptie een issue zou worden.

Printed in the United States
by Baker & Taylor Publisher Services